ORIGINE

DE

L'UNIQUE COUPLE HUMAIN,

DISPERSION DE SES DESCENDANTS,

I. Avant les pluies sur les deux bords des champs de la zone équatoriale ;
II. Après les pluies, exode de la zone équatoriale sur la zone torride ;
III. Sortie des Slaves de la presqu'île Malacca ;
IV. Dispersion de leurs descendants avant le Déluge dans l'Indoustan
et après le Déluge dans l'Asie Mineure et dans l'Europe,

COORDONNÉES ET MISES EN ORDRE CHRONOLOGIQUE D'APRÈS LA LOI PHYSIQUE

DANS

LA PHYSIQUE CÉLESTE

Ouvrage indispensable aux Slaves savants,

PAR

PIERRE BÉRON

———— ✦ ————

PARIS

GAUTHIER-VILLARS, IMPRIMEUR-LIBRAIRE
DU BUREAU DES LONGITUDES, DE L'ÉCOLE IMPÉRIALE POLYTECHNIQUE
SUCCESSEUR DE MALLET-BACHELIER
Quai des Augustins, 55.

1867

ORIGINE

DE

L'UNIQUE COUPLE HUMAIN.

Paris. — Imprimé par E. Thunot et C°, rue Racine, 26.

ORIGINE

DE

L'UNIQUE COUPLE HUMAIN,

DISPERSION DE SES DESCENDANTS,

I. Avant les pluies sur les deux bords des champs de la zone équatoriale;
II. Après les pluies, exode de la zone équatoriale sur la zone torride;
III. Sortie des Slaves de la presqu'île Malacca;
IV. Dispersion de leurs descendants avant le Déluge dans l'Indoustan et après le Déluge dans l'Asie Mineure et dans l'Europe,

COORDONNÉES ET MISES EN ORDRE CHRONOLOGIQUE D'APRÈS LA LOI PHYSIQUE

DANS

LA PHYSIQUE CÉLESTE

Ouvrage indispensable aux Slaves savants,

PAR

PIERRE BÉRON

———

PARIS

GAUTHIER-VILLARS, IMPRIMEUR-LIBRAIRE

DU BUREAU DES LONGITUDES, DE L'ÉCOLE IMPÉRIALE POLYTECHNIQUE

SUCCESSEUR DE MALLET-BACHELIER

Quai des Augustins, 55.

1867

LA TERRE ET L'HOMME

EXPOSÉS PAR ORDRE CHRONOLOGIQUE

I. DANS LA TRANSFORMATION DE L'EAU EN PLANTES PAR LES RAYONS SOLAIRES ET DES RESTES DES PLANTES EN MINERAIS.

II. DANS LA TRANSFORMATION DES PLANTES EN SIX ORGANES DE SENS DES ANIMAUX ET DE L'HOMME PAR LES SIX ESPÈCES DE FLUIDES IMPONDÉRABLES.

APERÇU GÉNÉRAL.

§ 1. Dans la vie sociale, l'homme sait d'avance que ses actions sont préétablies ou coordonnées d'abord dans son intelligence; ensuite, s'il compare ses propres actions avec celles des autres individus, il est conduit à connaître que leurs actions sont également préétablies dans leur intelligence. Cette comparaison, toute juste qu'elle paraît jusqu'ici, devient la source de deux graves erreurs.

I. Au lieu de se borner à comparer ses propres actions avec celles de ses semblables, l'homme a considéré l'association des actions des animaux comme étant préétablie dans leur intelligence.

II. De même les périodes des saisons, les faits atmosphériques, les éclipses, l'apparition des comètes ont été considérés comme des actions à chaque moment préétablies dans l'intelligence d'un Être suprême.

Par rapport aux animaux, l'homme est devenu un souverain, et par rapport à l'Être suprême, il est devenu le serviteur d'un souverain. Le rapport qui se trouve entre l'homme et l'animal est le même que celui qui existe entre les parents et les enfants; de sorte que dans son enfance l'homme apprend : 1° à obéir à ses parents ; 2° à être le maître et seigneur des animaux. Tel est l'état primitif de l'homme qui entre dans la vie sociale.

§ 2. **Origine du culte.** 1° Dans son enfance, l'homme obtient de ses parents ce qu'il désire par ses pleurs ou ses prières ; 2° devenu membre de la société, il emploie les mêmes moyens pour obtenir de l'Être suprême tout ce qu'il ne peut se procurer par ses propres ressources ou ce qu'il ne peut obtenir des autres par ses prières.

En admettant qu'avant que les faits naturels se produisent, l'Être suprême les ait d'abord coordonnés dans son intelligence comme cela a lieu chez l'homme, on est conduit à croire à la possibilité de changer cet arrangement. Si après des prières et des sacrifices il arrive à l'homme d'être guéri d'une maladie ou de se sauver d'un naufrage imminent, il se targue d'être parvenu à obtenir cette grâce de l'Être suprême.

C'est à de pareilles gens que se sont adressés ensuite d'autres individus souffrants pour les prier d'intervenir auprès de l'Être suprême afin d'obtenir le soulagement de leurs maux, et à cet effet ils leur ont donné une rémunération. Dans la vie sociale de chaque peuplade, le culte est introduit par une erreur naturelle et par conséquent inévitable.

Incompatibilité entre le culte et la nature. Quand, avec le progrès de la science et de l'industrie, l'homme fut arrivé à construire des appareils qui pussent marcher longtemps sans que l'intervention continuelle du constructeur fût nécessaire, on en conclut que l'Être suprême n'intervient pas continuellement dans l'exécution de toutes les actions comme cela est formulé dans la *Genèse*, mais qu'au moyen d'une action unique il a fait qu'une série des actions a succédé à l'autre sans que son concours fût nécessaire nulle part. Il en résulterait que toute espèce de culte serait inutile; car les actions ayant été préétablies, les faits doivent s'accomplir inévitablement. Cependant les naturalistes n'ont pu parvenir à montrer en quoi consiste l'unique action qui suffit à la production spontanée des faits naturels ; c'est pourquoi, même en admettant que les faits se produisent spontanément, les théologiens n'ont pas cessé de croire à une intervention divine dans une coordination nouvelle de l'ordre des actions qui précèdent la production des faits dans le Monde.

En effet, les naturalistes ne présentaient que des arguments logiques, incapables de réfuter victorieusement les arguments des théologiens, lesquels avaient pour eux l'opinion publique. De leur côté, les naturalistes ne niaient pas la réalité d'un commencement du Monde et des actions produisant les faits observés. Ainsi la question se réduisait à savoir si l'Être suprême avait terminé son action depuis longtemps ou depuis peu de temps pour coordonner de nouveau des actions qui produiront les faits désirés.

Les naturalistes, voulant enseigner aux théologiens le mode de production spontanée des faits terrestres et des faits atmosphériques, employaient des termes abstraits sans indiquer les objets réels correspondant à ces termes. Ils disaient, par exemple, en forme d'*axiomes* :

I. Chaque action est précédée d'une *force*.

II. Chaque combinaison est précédée d'une *action chimique* ayant pour cause l'*affinité* entre les deux facteurs.

Les membres du clergé cherchèrent d'abord à défendre leur opinion en employant la force physique contre les naturalistes ; cependant le nombre de ces derniers devenant de jour en jour plus considérable, le clergé cessa de les persécuter en ameutant le public contre eux.

Au moyen des inventions appliquées à l'industrie, les physiciens et les naturalistes devinrent très-utiles dans la vie sociale ; ils cessèrent toute controverse comme n'aboutissant à aucun résultat, et se bornèrent à l'exposition des faits telle qu'on la trouve par l'observation.

D'un autre côté, le clergé, en se chargeant d'instruire

les hommes, de les soulager dans leurs souffrances et de
leur enseigner la morale, est rentré dans ses attributions
primitives. Maintenant, loin de persécuter les naturalistes,
les prêtres s'occupent de sciences sans trouver cette occu-
pation incompatible avec leur ministère.

§ 3. **Attributs de l'Être suprême.** Il n'y a que
l'homme à l'état sauvage et l'animal qui n'aient pas l'idée
d'un Être suprême. J'ai montré la voie naturelle qui conduit à cette idée dès que la vie sociale s'établit.

I. En comparant : 1° les forces employées pour la production des faits dus à l'art, et 2° les forces nécessaires
à la production des faits naturels, l'homme reconnaît l'Être
suprême comme tout-puissant (παντοδύναμος).

II. En comparant : 1° l'arrangement logique qui s'opère
dans l'intelligence et qui précède la succession d'une série
d'actions qui amènent la production d'un fait d'art, et 2° la
coordination des actions qui précèdent la production des
faits naturels, l'homme est arrivé à reconnaître que l'Être
suprême est tout-sage (πάνσοφος).

Pour évaluer la portée de ces deux attributs, il faut démontrer : 1° si une force immense a produit une seule action par une sagesse immense d'où sont résultées d'innom-
brables séries d'actions produisant spontanément tous les
faits du Monde et de la Terre et tous les faits relatifs à
l'homme, comme l'admettaient les naturalistes, ou 2° s'il y
a des répétitions fréquentes de force moins grande dues à
une sagesse dont l'étendue est bornée à un petit nombre
de séries d'actions, afin que la répétition de la force et de
l'action arrive à des intervalles plus ou moins grands,
comme l'homme a été conduit à le croire en comparant les
faits d'art avec les faits de la nature.

Inconséquence des naturalistes. En principe, les
naturalistes admettent une série d'actions produites par
une force inépuisable qui s'exerça une seule fois sans qu'il
soit nécessaire qu'elle se renouvelle. Les séries d'actions

et celles de production de combinés ayant pour cause commune la même force, s'y unissent lorsqu'on remonte à l'origine de chaque fait. Ce n'est pas ainsi que les naturalistes procèdent dans l'explication des faits observés ; car, après avoir fidèlement décrit les détails observés, chacun d'eux introduit des hypothèses logiques dans ses explications, en prêtant à l'Être suprême des raisonnements analogues lorsqu'il a décidé le mode d'actions qui devaient résulter de sa force.

Ainsi, en se contredisant eux-mêmes, les naturalistes finissent par arriver à l'opinion du public, dans lequel ils trouvent une approbation. Cette déchéance des deux attributs de l'Être suprême est préconisée par les naturalistes démagogues comme ayant l'avantage de vulgariser la science. On pensait que, pour devenir savant, il suffisait d'apprendre par cœur un grand nombre de faits en y joignant les diverses hypothèses auxquelles avait donné lieu leur explication. Les naturalistes ont reconnu que la doctrine des philosophes anciens et modernes sur l'unique origine des faits cosmiques était inadmissible en ce qui concerne l'explication du mode de production des faits différents, car, dans cette doctrine, la nature des actions est toujours inconnue, et bien plus encore celle de la force qui les précède.

Les philosophes n'ignoraient pas que pour être conséquent en partant de la force primitive il fallait en faire dériver autant de séries d'actions qu'il y a d'espèces de faits différents. Pour résoudre ce problème, on ne peut faire moins que de coordonner tous les faits, aussi bien les faits naturels que les faits techniques pour en tirer des séries qui conduisent à l'unique force de l'Être suprême.

La Physique générale, la Physique céleste, la Physico-chimie, la Physico-physiologie, la Métaphysique, ne forment qu'une science unique, la *Panépistème*, que l'homme apprendra, non dans un but industriel, mais uniquement

pour connaître la grandeur de son Créateur et l'immortalité
de son âme.

I. MANIFESTATION DE LA FORCE ET DE LA SAGESSE DE L'ÊTRE
TOUT-PUISSANT ET TOUT-SAGE.

§ 4. I. Le calme ou l'inertie n'existe nulle part dans le
Monde; là où il se trouve un manque d'expansion, cela
n'est dû qu'à un état d'équilibre entre deux poussées op-
posées égales. C'est par l'expansion indéfinie des molécules
d'un fluide primitif qu'il se manifeste une rupture d'équilibre de ces molécules; cette rupture d'équilibre est ce
qu'on nomme *force* (δύναμις). L'expansion des molécules en
direction qui n'offre pas de résistance est ce qu'on nomme
action (ἐνέργεια).

L'expansion indéfinie des fluides *barogène*, *électricité
positive*, *électricité négative*, *lumière*, *chaleur* et *échogène* indique la *toute-puissance* de l'Être qui a comprimé les molécules d'abord équilibrées et occupant tout l'espace céleste
et les a réduites à occuper un espace limité; de sorte que
les molécules ne pouvaient cesser d'être en équilibre rompu
qu'après avoir parcouru l'espace indéfini en un laps de
temps indéfini pendant lequel la force ne sera pas épuisée!

II. Dans la production des combinés, deux facteurs viennent toujours en contact, et l'on dit qu'il y a des combinai-
sons quand il y a *affinité* entre ces facteurs. Les chimistes
ne sachant en quoi consiste l'affinité, considèrent cette
explication comme une sorte de définition. On voit ici qu'il
faut que les deux éléments matériels soutiennent les molécules du fluide primitif en densités inégales. Quand ces éléments viennent en contact, il apparaît une rupture d'équilibre, laquelle sollicite l'expansion des molécules denses
dans l'espace occupé par des molécules homonymes moins
denses. C'est donc à cette rupture d'équilibre qu'on donne

le nom d'*affinité*, et c'est à la pénétration des molécules denses dans l'espace occupé par les molécules les moins denses qu'on doit donner le nom d'*action chimique*.

S'il n'y avait pas une telle inégalité dans les densités des molécules homonymes, il serait impossible que les combinés se produisissent. Pour que ces molécules se trouvent en volume égal et en densités différentes, il a donc fallu que la masse totale du fluide primitif fût divisée en deux parties inégales M + M' et M, et que toutes les deux fussent inégalement comprimées pour qu'il en résultât un volume égal pour chaque partie. C'est par une telle modification de son action que l'Être suprême a fait voir sa *toute sagesse*.

Les molécules du fluide primitif occupaient tout l'espace céleste à l'état équilibré, un calme perpétuel régnait partout. C'est dans un tel équilibre que les physiciens modernes français ont supposé qu'il y avait un fluide, nommé *éther*, répandu dans tout l'espace. Ne sachant en quoi consistent les actions chimiques, ils leur ont attribué la faculté de produire dans l'éther des ondulations à différents intervalles pour donner naissance à des ondes propres à produire des effets de chaque espèce de fluide impondérable, et même des effets de pesanteur. Cette hypothèse sert ici à faire mieux connaître l'état du fluide primitif avant le changement opéré sur lui par l'Être suprême.

J'ai fait voir au commencement de cet ouvrage le mode de production de toutes les espèces de fluides impondérables et celui des deux éléments de l'eau sous forme de masse empyrée composée de ces éléments matériels et des éléments de l'électricité neutre ĒE d'une énorme densité. Toute la masse empyrée a formé le seul corps de l'Archégète que l'on voit dans la constellation de la Licorne.

Les neuf jets de masse empyrée expulsés de l'Archégète ont produit toutes les étoiles, les nébuleuses et le Soleil. Les neuf jets expulsés du Soleil ont produit les planètes, les microplanètes et la Terre. Neuf jets ont été expulsés aussi de la Terre, mais huit d'entre eux se sont précipités à sa surface, et la Lune se précipitera aussi, comme le prouve son équation séculaire (t. II, p. 842).

Dans toute cette série de subdivisions de la masse empyrée il n'y a que la manifestation d'une poussée répulsive, laquelle a sa cause dans l'expansion des molécules indéfiniment comprimées. La production des combinés entre les éléments de l'eau et les éléments des rayons solaires ne devient possible qu'après que l'équilibre thermométrique s'est établi entre les éléments de l'eau et l'espace ambiant.

II. DE L'EXISTENCE DU MOUVEMENT DANS LES MOLÉCULES COMPRIMÉES.

§ 5. Parmi les anciens, Zénon a proposé la question sur l'origine du mouvement; Aristote a distingué l'*expansion* (ἐξόγκωσις) et la *translation* (μετατόπισις), désignées toutes les deux sous le nom de *mouvement* (κίνησις). Les physiciens connaissent bien l'expansion spontanée des gaz sans l'intervention d'aucune action chimique; cependant la comparaison ne les a pas conduits à connaître dans la lumière l'existence de molécules indéfiniment comprimées dont l'expansion envahit en *une* seconde un espace sphérique d'un rayon de 75 lieues. Les molécules comprimées séparées en quatre heures de la surface du Soleil acquièrent un volume sphérique dont le rayon est la distance entre le Soleil et Neptune. Les molécules séparées en cinq ans du Soleil occupent un espace sphérique qui a pour rayon la distance qui nous sépare de l'étoile fixe la moins éloignée.

Lorsqu'on admettait que la lumière avait des atomes d'un volume limité comme cela a lieu pour les grains de sable, on leur attribuait une densité indéfinie et on les considérait comme des espèces de projectiles en directions rectilignes centrifuges, sans cependant pouvoir se rendre compte de la polarisation de la lumière, propriété inconnue au temps de Newton.

Maintenant on admet la propagation de la lumière opérée en ondes de l'éther ébranlé, 1° par des actions chimiques des corps lumineux terrestres, et 2° par les rencontres des deux électricités. Les actions chimiques, au lieu d'être la cause de la lumière, n'en sont souvent que l'effet, comme cela est bien démontré dans les actions de la lumière qui produisent les images photographiques.

A. DE SEPT ESPÈCES DE COMBINÉS PRIMITIFS.

§ 6. La compression primitive des molécules se manifeste : 1° dans leur rupture d'équilibre, nommée *force*, et 2° dans leur expansion, nommée *action*.

L'inégale densité des molécules se manifeste : 1° dans le contact des deux facteurs chimiques comme rupture d'équilibre, nommée *affinité*, et 2° dans la pénétration des molécules denses ε dans l'espace occupé par les molécules les moins denses ε'. C'est cette pénétration qu'on appelle *action chimique*.

A et P (fig. 1) étant les deux volumes égaux contenant A, la masse M de molécules en densité δ et P la masse $M + M'$ en densité $\delta + \delta'$, ces molécules se mêlent quand les ondes qui les amènent viennent en contact, parce qu'elles sont les éléments du même fluide primitif et qu'elles ne diffèrent que par la densité.

De sept couleurs, de sept sons, de sept espèces d'odeurs et de sept espèces de saveurs il résulte que sept espèces de combinés ont été produits dans l'espace central Z où s'est opérée la rencontre primitive des ondes A, B, C, D venant de la *pycnosphère* (πυκνὸς, dense) P avec les ondes A', B, C', D' venant de l'*aréosphère* (ἀραιὸς, rarefié) A.

Ces sept espèces de combinés sont représentés dans la figure sous la forme de sept périphéries B ou B' par leurs facteurs $a\alpha$, $b\beta$, $c\gamma$, $d\delta$, $e\varepsilon$, $f\zeta$, $g\eta$. Dans le plan central MN s'est opérée la rencontre A, A', et il en est résulté le combiné $d\delta$, lequel diffère de chacun des six autres, dont, 1° les trois $e\varepsilon$, $f\gamma$, $g\eta$ ont été produits par les molécules denses de

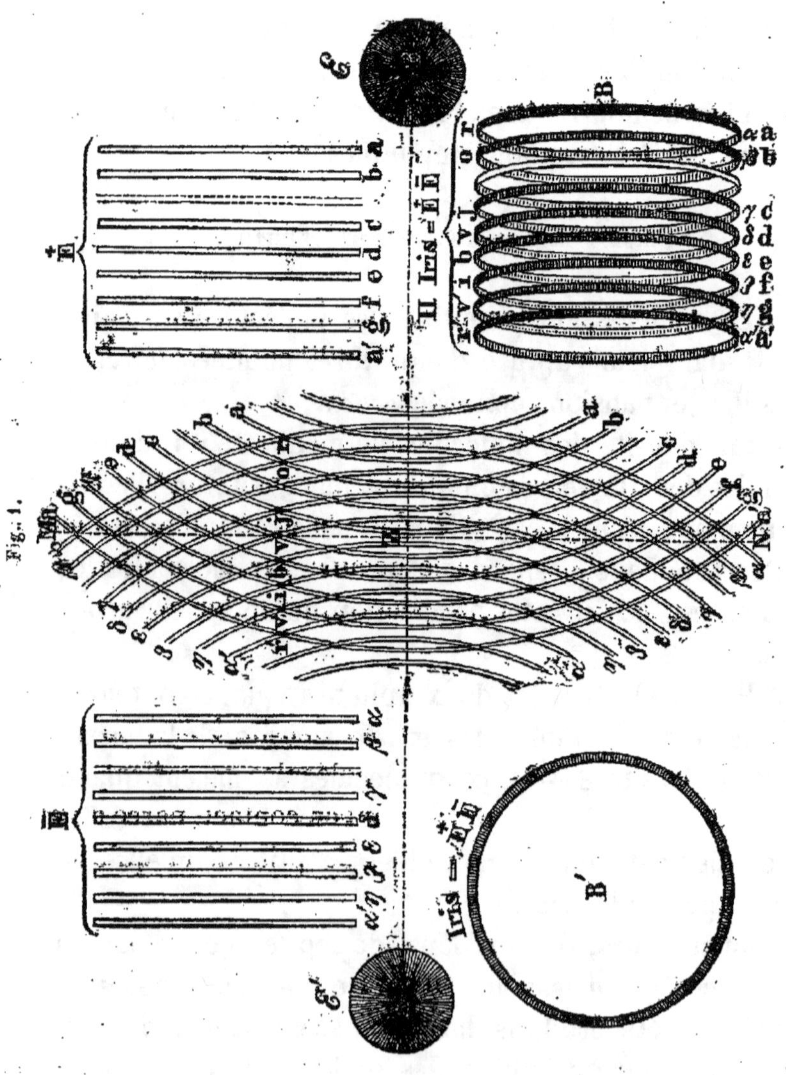

Fig. 1.

l'onde A avec les molécules moins denses des ondes B', C', D', et 2° les trois autres combinés $c\gamma$, $b\beta$, $a\alpha$ ont été produits par les molécules moins denses de l'onde A' mêlées avec les molécules denses des ondes B, C, D.

1° Production de la lumière et de la chaleur dans l'espace Z.

§ 7. Le mélange de sept espèces de combinés de l'espace central Z a produit dans son expansion des ondes *heptaples* composées chacune de sept ondes.

I. La rencontre de ces ondes composées avec les ondes O venant de la pycnosphère P a produit sept espèces de combinés de second ordre qui sont les sept espèces de lumière.

II. La rencontre des mêmes ondes *heptaples* avec les ondes O′ venant de l'aréosphère A a produit sept autres espèces de combinés également de second ordre, qui sont les sept espèces de chaleur ; ce sont ces espèces qui donnent naissance aux sept sons.

2° Production de l'hydrogène et de l'oxygène dans l'espace énastre.

§ 8. La quantité $\Phi\Theta$ de lumière et de chaleur s'est trouvée dans l'espace central Z (*fig.* 2) en équilibre rompu, parce qu'elle éprouvait une poussée supérieure $p + p'$ de la part des ondes de la pycnosphère P et une poussée inférieure p de la part de l'aréosphère A. Cette rupture d'équilibre a occasionné le déplacement de la masse de chaleur et de lumière $\Phi\Theta$, déplacement qui a commencé avec un maximum de vitesse qui, en diminuant indéfiniment, rendit indéfinie la durée du déplacement pour arriver à l'espace *énastre* II.

Fig. 2.

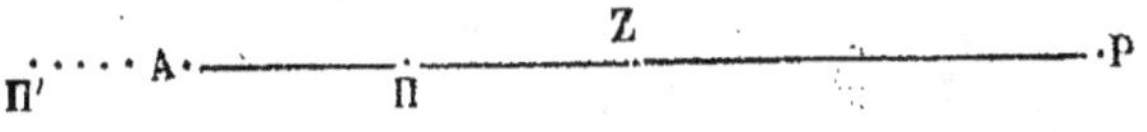

$$\text{II}' \cdots \text{A} \cdot \underline{\hspace{2cm}} \underset{\text{II}}{} \underline{\hspace{3cm}} \overset{\text{Z}}{} \underline{\hspace{3cm}} \cdot \text{P}$$

L'espace II est le seul dans lequel les ondes O de la pycnosphère P amènent les molécules en densité $\delta + \frac{1}{2}\delta'$ égale à celle $\delta + \frac{1}{2}\delta'$ des molécules amenées par les ondes O′ de l'aréosphère A. Les molécules isopycnes qui ont cette densité égale sont nommées *barogène* et sont indiquées : 1° par les signes β, b, $\mathbf{b}$ lorsque ce barogène fait partie des corps, et 2° par le signe B lorsque son affluence est indiquée dans l'espace énastre.

a. Combinés produits dans l'espace central.

§ 9. I. Électricité neutre.

$$\bar{\bar{E}} = a\alpha + b\beta + c\gamma + d\delta + e\varepsilon + f\zeta + g\eta.$$

II. Éléments de l'électricité positive.

$$\bar{E} = a + b + c + d + e + f + g.$$

III. Éléments de l'électricité négative.

$$\bar{E} = \alpha + \beta + \gamma + \varepsilon + \zeta + \eta.$$

IV. Éléments des atomes de lumière.

$$\bar{E}^2\bar{E} = a\alpha a + b\beta b + c\gamma c + d\delta d + e\gamma e + f\zeta f + g\eta g.$$

V. Éléments des atomes de chaleur.

$$\bar{E}\bar{E}^2 = \alpha a\alpha + \beta b\beta + \gamma c\gamma + \delta d\delta + \varepsilon e\varepsilon + \zeta f\zeta + \eta g\eta.$$

VI. Éléments des sept couleurs.

rouge	$= a^2\alpha$	$= 2:1$		bleu	$= e^2\varepsilon$	$= 4:3$
orangé	$= b^2\beta$	$= 15:8$		indigo	$= f^2\zeta$	$= 5:4$
jaune	$= c^2\gamma$	$= 5:3$		violet	$= g^2\eta$	$= 9:8$
vert	$= d^2\delta$	$= 3:2$				

VII. Éléments des sept sons.

ut$_2$	$= \alpha^2 a$		fa	$= \varepsilon^2 e$
si	$= \beta^2 b$		mi	$= \zeta^2 f$
la	$= \gamma^2 c$		ré	$= \eta^2 g$
sol	$= \delta^2 d$			

b. Combinés produits dans l'espace énastre.

§ 10. Les molécules isopycnes dans l'espace Π ayant la densité $\delta + \frac{1}{2}\delta'$ se trouvèrent en équilibre rompu : 1° avec la densité $\delta + \frac{1}{2}\delta' - a$ des molécules des éléments de la chaleur θ, et 2° avec la densité $\delta + \frac{1}{2}\delta + a'$ des molécules des éléments du mélange $\varphi\theta^7$ d'un atome de lumière avec sept atomes de chaleur. Ainsi : 1° le barogène de densité $\delta + \frac{1}{2}\delta'$ est le facteur *électropositif* ou le facteur de molécules denses dans les combinés avec les molécules des atomes de chaleur $\overset{+}{E}\overline{E}^2 = \theta$; 2° le même barogène est le facteur électronégatif, ou des molécules moins denses dans les combinés avec la *chaleur lumineuse* $\varphi\theta^7$. C'est ainsi qu'ont été produites deux espèces de combinés barogéniques et anisopycnes; ces combinés sont les deux seuls éléments primitifs de l'eau et de tous les corps terrestres et célestes.

L'hydrogène $= \overset{+}{E}\overline{E}^2\beta = \theta\beta = \overset{+}{H}$ élément électropositif.

L'oxygène $= (\overset{+}{E}^2\overline{E} + 7\overset{+}{E}\overline{E})^2\beta^8 = \varphi\beta\overline{\theta\beta}^7 = \overline{O}$ élément électronégatif.

Un **atome d'eau** $= \theta\beta + \varphi\beta\overline{\theta\beta}^7 = \varphi\beta\overline{\theta\beta}^8 = Aq = \overset{+}{H}\overset{..}{O}$ combiné neutre.

3° *L'Archégète composé de la masse empyrée.*

§ 11. L'ensemble de la masse M d'électricité neutre $\overset{+}{E}\overline{E}$ et celui de la masse M' d'éléments d'eau sont les deux composants de la *masse empyrée* dont a été formé le seul corps central, l'Archégète, visible dans la constellation de la Licorne.

Les éléments de l'eau ne peuvent pas s'éloigner de cette masse empyrée parce que leur barogène β éprouve une résistance dans le barogène B amené par les ondes O, O' des deux électrosphères (1). Il n'en est pas de même pour les éléments de l'électricité neutre; ces éléments $3q\overset{+}{E}$ et $3q\overline{E}$ sont d'une densité indéfinie à l'état d'électricité neutre $\overset{+}{E}\overline{E}$,

---

(1) Les molécules à l'état équilibré admis par les physiciens sont nommés *éther*: ces mêmes molécules à l'état indéfiniment comprimé sont nommés *électre*, car n'étant plus équilibrés, ils se trouvent en expansion : leurs deux accumulations sont deux *électrosphères*. P (fig. 1) est la *pycnosphère* et A est l'*aréosphère*.

car les uns trouvent le minimum de résistance dans les autres. Ce n'est que par leur séparation de la masse empyrée que ces éléments se combinent pour produire des atomes de chaleur et des atomes de lumière

$$3q\bar{\bar{E}}E = 3q\bar{\bar{E}} + 3q\bar{E} = q\bar{\bar{E}}^2\bar{E} + q\bar{\bar{E}}E^2 = q\varphi + q\vartheta.$$

Les atomes de lumière éprouvent dans l'enveloppe de la masse empyrée une résistance inférieure à celle des atomes de chaleur. Ceux-ci restent accumulés entre la surface de la masse empyrée et son enveloppe de glace (1) ; ils y exercent en même temps des poussées centrifuges contre la masse et contre l'enveloppe ; de sorte que l'expulsion d'une partie de la masse empyrée a toujours sa cause primitive dans l'expansion des molécules de l'électre.

B. Mode de production de la pesanteur par le barogène.

§ 12. Deux corps C, C′ (fig. 3) peuvent s'approcher l'un de l'autre de deux manières : 1° étant lié par une corde CC′, l'individu en C en tirant cette corde fait diminuer la

Fig. 3.

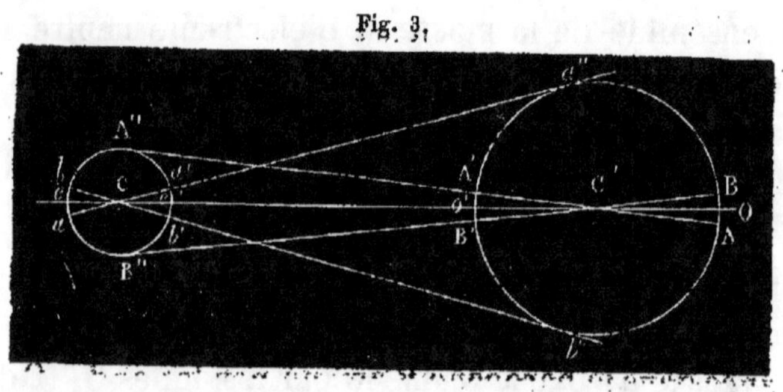

longueur CC′ ; la même chose arrive lorsqu'il y a un autre individu qui tire du corps C′ ; 2° les corps C, C′ s'approchent également lorsqu'ils éprouvent 1° du dehors O, e des

____

(1) J'ai démontré dans la *Physique* (livre iv) comment les trois états des corps sont produits à la fois par la température et la pesanteur à la surface de la Terre. La congélation à la surface du Soleil commence à une température de centaines de degrés et celle à la surface de l'Archégète est de millions de degrés.

poussées égales P et 2° de l'intérieur o', e' des poussées inférieures P—**p** et P—p.

Les molécules qui ont éprouvé une compression indéfinie ne peuvent se trouver que dans une expansion dont il ne résulte que des poussées de chaque degré. On voit par là qu'il ne peut exister dans la nature que des poussées, et l'existence d'attraction est absolument impossible.

Les diamètres Oo', $e\,e'$ des corps C, C' possèdent les quantités **b**, b de barogène, lesquelles font écran à des quantités égales de barogène de celui B qui afflue des électrosphères vers l'espace énastre. 1° Le barogène B—**b** émerge du point o' en quantité inférieure, et 2° le barogène B—b du point e' en quantité supérieure.

Il s'opère donc : 1° dans le corps C' une rupture d'équilibre indiquée par la différence B—(B—b)=b et dans le corps C une rupture d'équilibre indiquée par B—(B—**b**)=**b**. Le petit corps C est sollicité vers le grand C' par la quantité **b**' de barogène correspondant à la quantité **b** contenue dans le diamètre Oo'. Le grand corps C' est sollicité vers le petit C par la quantité b' de barogène correspondant à celle b contenue dans le diamètre $e\,e'$.

Si le corps C' est la Terre et C un corps terrestre, ce corps est sollicité vers la Terre par la quantité **b** contenue dans le diamètre de la Terre tandis que celle-ci est sollicitée vers le corps C par le barogène b qui est contenu dans le diamètre du corps en chute. (Voir t. I, p. 16 à 83, et *Physique*, t. IV, liv. IV.)

III. ORDRE CHRONOLOGIQUE DES FAITS PRODUITS DEPUIS L'ORIGINE DU MONDE.

§ 13. Le commencement du Monde date du moment où a fini l'œuvre divine. Les éléments qui composent les corps célestes, les corps terrestres et leurs fluides impondérables ne sont que les molécules du fluide primitif inégalement divisées et inégalement comprimées pour être réduites à occuper deux volumes égaux en densités inégales. Les deux masses $M + M'$ et M de molécules comprimées se sont trouvées séparées par la distance AP (fig. 2), distance assez grande pour qu'il s'y trouve un espace Π dans lequel arrivent les Ondes O, O′ des deux électrosphères P et A qui amènent les molécules à une densité égale $\delta + \frac{1}{2}\delta'$. Si la distance AP était trop petite, l'espace serait d'égale densité en dehors de la distance AB en Π'. On voit encore une preuve de la toute-sagesse de l'Être suprême dans la distance très-grande AP.

I. Depuis le commencement de l'expansion des molécules des deux électrosphères P, A, il s'est écoulé un laps de temps τ jusqu'au moment de la rencontre des ondes A, B, C, D avec les ondes A′, B′, C′, D′ dans l'espace central Z, car elles ont parcouru des distances égales $ZP = ZA$ avec une égale vitesse. Les éléments de toutes les espèces de fluides impondérables ont été produits dans cet espace central.

II. Ces fluides ont été en équilibre rompu : 1° par rapport à la poussée $p + p'$ exercée par les ondes O de la pycnosphère P, et 2° par rapport à la poussée p inférieure exercée par les ondes O′ de l'aréosphère. Cette force a produit un exode des fluides impondérables dans l'espace Π dans lequel les ondes O et O′ des deux électrosphères amènent les molécules en densité égale $\delta + \frac{1}{2}\delta'$; c'est pourquoi on les nomme *barogène*. En se combinant avec la chaleur obscure θ, le barogène a produit l'*hydrogène* $= \theta\beta$; et en se combinant avec la chaleur lumineuse $\varphi\theta^7$ le barogène a produit l'*oxygène* $= \varphi\beta\,\overline{\theta\beta}^7$. Ces deux éléments de l'eau en quantité immense mêlés avec l'électricité neutre $\overset{+}{E}\overset{=}{E}$ également en quantité et en densité immense forment la totalité de la *masse empyrée* composant le seul corps dans l'Univers. Ce corps central est nommé *Archégète*.

• Les ondes O, O′ amenant le barogène B rencontraient

une résistance dans le barogène B′ contenu dans chacun des diamètres de l'Archégète, et il n'y a que la différence B—B′, qui passe outre. Les corps de la surface de l'Archégète éprouvent la poussée centripète P de la part du barogène B des ondes O, O′; les mêmes corps éprouvent la poussée centrifuge P—P′ de la part du barogène émergent B—B′; ils se trouvent donc dans la rupture d'équilibre indiquée par la différence P—(P—P′)=P′, laquelle est une action qui exerce une telle pression que les éléments de l'eau se trouvent à une densité des millions de fois supérieure à celle de l'eau de la Terre.

La couche superficielle de la masse empyrée gela; la couche de glace produisit : 1° une diminution de la consommation de la chaleur, 2° une élévation de température, et 3° un accroissement de l'épaisseur de la couche de glace jusqu'au point d'en faire résulter une éruption dont furent expulsés neuf jets de masse empyrée, et le cinquième jet a rebroussé chemin et s'est déposé sous forme de ceinture autour de l'Archégète.

III. A cause du décroissement de la vitesse de l'exode des fluides impondérables de l'espace central Z vers l'espace énastre II, la durée de ce déplacement est indéfinie. Ainsi, au moment de l'expulsion de la masse empyrée, l'Archégète, qui avait un très-faible mouvement linéaire, acquit aussi une forte poussée centripète exercée de la part de chaque jet qui se séparait du cratère contre la masse qui restait.

Avec ces deux éléments de mouvement, l'Archégète acquit un mouvement rotatoire; il communiqua un choc tangentiel à la masse empyrée provenant du cratère. Au moyen de ce choc et de la pesanteur, la masse empyrée expulsée acquit un mouvement orbiculaire.

IV. Des neuf jets expulsés, le cinquième a rebroussé chemin, et, en se déposant sur l'enveloppe solide de l'Archégète, il a occasionné aux molécules matérielles pâteuses et visqueuses une rupture d'équilibre qui persiste encore. Les molécules, en se déplaçant, produisent des amas de météores qui forment une couche très-épaisse ; cette couche disperse les rayons provenant de la masse empyrée et fait apparaître l'Archégète dans la Licorne comme une nébuleuse volumineuse ; cependant celle-ci est unie dans toute son étendue de 30°, tandis que les nébuleuses composant la Voie lactée sont morcelées.

V. La masse empyrée des jets expulsés, excessivement dense en se dilatant, se subdivise en portions peu différentes entre elles ; chacune de ces portions devient un soleil. Le quatrième jet, à lui seul, a produit 16 millions de soleils indigènes, dont le nôtre fait partie.

VI. Notre Soleil ainsi produit a expulsé neuf jets de masse empyrée dont le cinquième a rebroussé chemin et s'est déposé autour de son enveloppe solide. Par la rupture d'équilibre entre les molécules M du Soleil et m^v de la masse du cinquième jet, ces molécules sont restées très-longtemps déplacées. Les météores qui en ont été le produit formaient une enveloppe épaisse qui dispersait les rayons provenant de la masse empyrée. Pendant ce laps de temps, nommé *période d'obscurité*, la masse empyrée des planètes et de leurs satellites se refroidit.

VII. Après que l'équilibre des molécules matérielles se fut établi dans le Soleil, la couche superficielle de la masse empyrée gela et produisit la *zone royale*, laquelle unit les bords des deux calottes solides conservées de l'enveloppe primitive. Les météores se précipitèrent sur l'enveloppe du Soleil, la période d'obscurité finit ; les rayons, n'éprouvant plus aucun obstacle de la part des météores, purent se propager dans l'espace et arriver, comme à présent, aux planètes en densités qui sont en raison inverse des carrés des distances.

1° Les éléments des rayons solaires et ceux de l'eau ont produit les deux éléments de l'air ; 2° ils ont ensuite formé les éléments des plantes ; 3° les atomes végétaux $C^{24}H^{24}O^{24}$ ont produit les minerais aérolithiques.

VIII. La masse empyrée des planètes a éprouvé : 1° une dilatation pour devenir moitié moins dense qu'elle ne l'était à l'époque de son expulsion du Soleil ; 2° un refroidissement tel qu'elle se trouva en équilibre thermométrique avec l'espace. Toutes les planètes étant, par rapport à leur température, en équilibre établi, se trouvèrent dans un état invariable à la fin de la période d'obscurité.

J'ai exposé dans le volume précédent les changements produits dans les planètes par les rayons solaires ; les détails des changements analogues qui ne peuvent être observés dans les planètes, mais seulement sur la Terre, trouvent leur place dans ce troisième volume. A l'aide de ces détails nous arrivons à connaître tout ce qui s'opère, s'est opéré ou s'opérera sur la Terre et dans les planètes. Mais le nombre des faits de la série chronologique étant trop grand pour que le lecteur puisse les saisir tous par une simple exposition, j'ai mentionné succinctement les actions actuelles de l'intérieur de la Terre, de sa surface et de l'atmosphère, puis les différents états dans lesquels se sont trouvés la Terre et l'homme pendant la période diluvienne.

IV. DES ACTIONS ACTUELLES DANS L'INTÉRIEUR DE LA TERRE A SA SURFACE ET DANS L'ATMOSPHÈRE.

§ 14. Chaque action est l'expansion d'un fluide qui se trouve en équilibre rompu ; si la chaleur s'éloigne des sources minérales et des volcans, c'est à cause de la densité des atomes de chaleur ou de la température supérieure du fond du récipient de l'eau des sources et du fond des fournaises volcaniques.

I. De même que la chaleur s'éloigne des chaudières découvertes avec la vapeur au fur et à mesure qu'on y en introduit une nouvelle dose, de même la chaleur s'éloigne avec l'eau minérale au fur et à mesure qu'il arrive au réservoir une égale quantité d'eau et de chaleur. Au contraire, les chaudières à soupape fermée étant continuellement chauffées, doivent nécessairement arriver à se déchirer pour former une espèce de cratère, ainsi que cela a lieu dans les fournaises volcaniques bouchées dont le chauffage se soutient sans interruption.

Dans ces deux cas, la différence ne consiste que dans les appareils contenant de l'eau ou des minerais chauffés. Quant au chauffage, il est le même. En supposant que plusieurs chaudières fussent l'une dans l'autre et que leur soupape fût fermée, on parviendrait à les déchirer toutes l'une après l'autre par un chauffage local continuel. Les chauffages du fond des récipients de l'eau minérale et du fond des fournaises volcaniques sont donc locaux.

II. Les élévations lentes de la couche d'alluvion sont bien reconnues par les géologues ; cependant ils se sont abstenus d'en donner aucune explication. En mesurant le niveau actuel du sol et celui des parquets et des seuils des temples et des palais anciens, on trouve un exhaussement, 1° d'un mètre par mille ans pour l'Europe ; 2° de 2 mètres pour l'Égypte ; 3° de 3 à 4 mètres pour les régions intertropicales telles que l'Asie et l'Amérique.

Il reste à la surface de la Terre un grand nombre de produits des volcans qui sont éteints ; leurs fournaises n'étant plus chauffées ne produisent pas d'éruptions. De même il y a des lacs très-profonds qui produisaient autrefois des eaux chaudes et qui maintenant gèlent en hiver, parce que les combustibles qui les chauffaient sont épuisés.

III. Les mouvements de l'air de toute intensité et de toute direction nous conduisent à connaître qu'il y a des ruptures d'équilibre aérostatique, lesquelles consistent seulement : 1° dans la multiplication de l'air dans les mers chaudes, ce qui y fait augmenter la poussée, et 2° dans la disparition de l'air dans les régions des pluies, ce qui en fait diminuer la résistance. Le calme de l'atmosphère ne change pas spontanément. C'est toujours le contact de l'air chaud avec une masse d'air froid qui précède : 1° l'abaissement du baromètre, 2° la rupture d'équilibre aérostatique qui occasionne les vents, 3° l'apparition des nuages jusqu'au commencement de l'averse. C'est alors que l'équilibre commence à s'établir et le calme ne revient que lorsque l'averse est passée. Toutes ces actions et l'averse qui en est le résultat ont eu pour cause primitive le contact de l'air chaud et de l'air froid.

La Terre a toujours reçu du Soleil la même quantité de chaleur, et cependant elle produisait autrefois dans les zones tempérées et glaciales des plantes de la zone torride actuelle. Ces plantes néanmoins ne pouvaient servir à la nourriture des animaux qui vivent actuellement dans la zone torride, mais elles étaient propres à d'autres genres d'animaux. On ne trouvait dans ce climat ni les animaux actuels ni l'homme.

Depuis les temps historiques, on sait que la température s'est élevée en Égypte, en Asie et en Europe. Pendant cet espace de temps la Terre n'a éprouvé d'autre changement qu'un accroissement de densité d'habitants. Les forêts ont diminué, et en même temps diminua la masse d'air ombragé et froid, lequel, étant en contact avec l'air chaud, occasionnait des averses plus fréquentes que maintenant.

Telles sont les actions dont j'expose ici les forces ou les ruptures d'équilibre pour mettre le lecteur à même de juger en quoi ce qui était connu jusqu'à présent diffère de ce qui est contenu dans cet ouvrage. J'ai coordonné les faits connus en longues séries ; aussi ne sera-t-il plus possible au lecteur de s'arrêter à une partie seulement en omettant d'aborder les autres. Une fois cette étude commencée, il sentira la nécessité de suivre toutes les séries de faits jusqu'à la fin.

V. ORDRE CHRONOLOGIQUE DES ÉTATS DE LA TERRE.

§ 15. Les éléments des planètes ne diffèrent ni entre eux ni avec ceux du Soleil, car les neuf jets de masse empyrée se sont séparés de sa masse, et ces jets, en perdant leur chaleur lumineuse, ont été réduits en équilibre thermostatique avec l'espace. Ce phénomène s'est opéré pendant que le Soleil se trouvait dans une enveloppe de météores qui dispersaient ses rayons. Toutes les planètes sont restées dans cet état de glace invariable et permanent pendant la dispersion des rayons solaires, dispersion qui résultait de ce que les météores produits par les molécules de la masse empyrée se trouvaient en équilibre rompu. Dès que cet équilibre a été établi, les météores se sont précipités sur l'enveloppe du Soleil et ses rayons ayant cessé de se disperser, la période d'obscurité finit.

Les intensités des transformations des éléments d'eau par les éléments des rayons solaires sont en rapport direct avec les densités de ces rayons. Ces densités étant en rapport inverse des carrés des distances mettent dans le même état les intensités des transformations, tandis que les durées de ces transformations sont en raison directe avec les carrés des distances entre le Soleil et les planètes.

Ainsi, on a trouvé la cause physique de la différence entre les états actuels des planètes, de telle sorte qu'à des époques différentes Mercure s'est trouvé successivement dans les mêmes états où se trouvent actuellement les sept autres planètes. De même, à des époques différentes, la Terre s'est trouvée dans l'état où se trouvent maintenant les cinq planètes supérieures; c'est dans la suite des temps qu'elle se trouvera dans l'état où se trouve à présent Vénus, et plus tard la Terre se trouvera dans l'état où se trouve aujourd'hui Mercure.

§ 16. I. Accroissement du poids spécifique et de la masse solide formée par les éléments de l'eau. La masse expulsée du Soleil avait une densité de 0,250 ; elle a éprouvé une dilatation dans l'espace, et sa densité est devenue 0,131 comme celle de Saturne, d'Uranus et de Neptune, qui, sous ce rapport, se trouvent maintenant dans l'état où étaient autrefois les cinq autres planètes.

Les rayons solaires ne font que séparer des quatre atomes d'eau un ou trois atomes d'oxygène, d'où résultent les restes $H^3O^3H = Az^2$ et $HOH^3 = C^2$ qui sont des corps, non pas simples, mais indécomposables. Le mélange $O + Az^2$ est l'*air* et le mélange $C^2O^3H^2O^2$ est la *chlorophylle*, d'où résulte l'atome de la substance végétale $C^{24}H^{24}O^{24}$. La surface de l'eau s'est couverte des plantes aquatiques, dont les restes de chaque récolte ont formé une couche d'une épaisseur énorme nommée *phytostrome*. Les rayons solaires séparent différents nombres d'éléments des atomes de substances végétales, et il en résulte autant d'espèces de restes qu'il y a d'espèces de minerais *aérolithiques*.

La masse d'air produite continuellement ne s'est pas multipliée indéfiniment, mais elle s'est séparée à cause d'une poussée d'expansion, laquelle a augmenté jusqu'au point de vaincre la pesanteur qui exerçait sur la masse d'air une poussée centripète. Il y a eu une centaine de séparations pareilles de masses d'air qui sont devenues autant de couples de géocomètes ; c'est pourquoi on nomme *période cométogonique* l'espace de temps écoulé depuis le commencement de la formation de l'air jusqu'au moment de la séparation de la masse produite.

La Terre a parcouru déjà toutes ses périodes cométogoniques ; pendant le cours de chacune, il s'est produit deux calottes de restes de plantes, lesquelles ont été submergées à la fin de la période. Je donnerai plus bas les détails, 1° de l'accroissement du poids spécifique au moyen de ces masses solides submergées, et 2° de l'accroissement analogue de la durée de la rotation des planètes intérieures, car dans le principe toutes les planètes tournaient avec une vitesse presque égale.

§ 17. II. **Mode de production des continents.** La masse minérale qui compose la Terre a été produite pendant les périodes antédiluviennes, et c'est pendant la période diluvienne que s'est produite la couche supérieure composée de terrains ignés ayant la forme d'un amas de pyramides de toute hauteur et de toute dimension. Ce sont donc ces pyramides auxquelles on donne la dénomination de *squelette de la Terre.*

La partie de ce squelette qui est au-dessous du niveau de l'eau était le fond de la mer et la partie qui se trouve au-dessus du niveau formait des montagnes composées de terrains ignés. Les minerais soutenus en suspension dans la mer se sont déposés sur le fond, et c'est ainsi qu'ont été produits les *schistes.* En même temps, à la surface de la mer, les restes des plantes ont engendré une couche épaisse dont les bords, percés par les pyramides, sont restés à sec sur leurs versants, quand le niveau de la mer a baissé à cause de l'éloignement continuel de l'eau transformée en air. Cette couche de restes de plantes, nommée *phyto-strome*, a couvert la mer, puis ses bords sont devenus des continents après avoir été déposés sur les versants des pyramides.

§ 18. III. **Origine de la houille ancienne et des minerais aérolithiques.** Les restes des plantes exposées au Soleil dans les continents se sont décomposés comme ils se décomposent actuellement. Cette décomposition consiste dans la séparation de quelques-uns de leurs éléments, et il en résulte des minerais aérolithiques. Un atome végétal $C^{24}H^{24}O^{24}$ produit autant d'espèces de minerais qu'il a d'éléments différents qui s'en séparent en quantités différentes. Toute la masse du phytostrome restée à sec se transforma en terrains aérolithiques, tandis que la partie du phytostrome qui est au-dessus de la mer s'est changée en houille ancienne.

§ 19. IV. **Origine des animaux invertébrés.** Les plantes en sont parcourues : 1° par des ondes de la lumière venant du Soleil ; 2° par des ondes de chaleur venant de l'air et de l'eau ; 3° par des ondes d'électricité négative venant des plantes ; 4° par des ondes d'électricité positive écoulée au point de contact des corps externes avec le corps organisé ; 5° par des ondes de barogène et par les courants thermoélectriques.

L'ensemble de ces cinq espèces de fluides fait acquérir aux éléments des plantes des arrangements propres à exercer le minimum de résistance : c'est donc dans cet arrangement extrêmement compliqué que consiste le double appareil de la formation d'un individu primitif neutre possédant : 1° les cinq organes des sens correspondant aux cinq espèces de fluides, et 2° l'appareil propre à recueillir de pareilles plantes qui servent comme de nourriture pour maintenir l'individu en vie.

Des individus neutres primitifs tirent leurs parties génitales les individus mâles ; l'individu femelle se forme de leur semence versée sur la végétation, et c'est ainsi que chaque individu primitif neutre sert à former un couple primitif dont commencent à se reproduire des individus nouveaux qui ne diffèrent en rien de l'un ou de l'autre élément du couple.

Les invertébrés ne diffèrent pas entre eux par le nombre des organes des sens quand ils vivent à la surface de la Terre ; leurs différences consistent dans les détails de leurs appareils, 1° pour se procurer des aliments, et 2° pour digérer ces aliments.

L'égalité des organes des sens nous fait voir que les cinq espèces de fluides ne manquent pas dans la production de toutes les espèces d'invertébrés. 1° Les rayons venant d'une seule direction ont formé le couple des yeux aux deux moi-

tiés du corps ; 2° les ondes de chaleur venant de l'air ou de
l'eau sous toutes les directions ont formé l'épiderme avec
son système de nerfs ; 3° les ondes de sept espèces d'électricité négative des différentes plantes ont formé l'appareil
de l'odorat avec son système de nerfs ; 4° les ondes de l'é-
lectricité positive écoulée au point de contact des aliments
ont formé l'appareil du goût avec son système de nerfs ;
5° enfin les ondes du barogène écoulées vers le centre de
la Terre ont formé l'appareil de translation qui rendent
l'individu apte à se diriger vers les plantes de l'espèce qui
ont servi à la formation de l'individu primitif; ce sont les
filets des muscles et leur système nerveux qui composent
l'appareil de la translation.

Au moyen de la reproduction, les détails des organes de
l'individu primitif de chaque espèce sont restés conservés :
1° Les organes des sens nous ont montré que les cinq espèces
de fluides n'ont pas fait défaut pendant la production des
animaux.; 2° les appareils très-variables de translation
nous ont appris que les espèces des plantes n'étaient pas
les mêmes dans chaque saison, à chaque latitude et à chaque époque de la période diluvienne.

D'ordinaire, on découvre l'existence des invertébrés dans
les coquilles fossiles ensevelies dans les terrains, car tout
ce qui reste à la surface de la Terre est décomposé par le
Soleil en ses éléments chimiques, le phosphore et la chaux.
C'est donc au moyen de l'existence du phosphore dans
quelques aérolithes que l'on voit que les animaux n'ont
pas manqué pendant les périodes antédiluviennes.

§ 20. **Organes des animaux vertébrés.** Dans le principe, un silence de mort régnait partout, le calme de l'atmosphère était permanent. La végétation ne produisait aucun
bruit; il n'y a pas eu d'ondes sonores jusqu'à l'époque où
ont apparu les insectes, munis d'appareils propres à produire des ondes sonores de quelque intensité.

Cette nouvelle espèce d'ondes, jointe aux cinq précédentes, fit acquérir aux éléments de quelques plantes un nouvel arrangement propre à permettre à un nouveau système de nerfs de se mettre d'accord avec les cinq systèmes précédents pour exercer le minimum de résistance à toutes les espèces d'ondes.

Le sens de l'ouïe rendit indispensable l'appareil de la moelle dorsale renfermée dans un canal composé de plusieurs pièces et communiquant avec le crâne. Les naturalistes ont employé cet appareil pour distinguer les animaux possédant le sens de l'ouïe des animaux qui ne possèdent pas cet organe. Ici la liaison entre le sens de l'ouïe et la moelle vertébrale est en quelque sorte un monument zoogonique conduisant au mode de production de l'homme.

§ 21. **Ordre de production des vertébrés.** Les poissons possèdent l'organe de l'ouïe à un état peu développé, et ils sont dépourvus de l'organe de la voix. Les quadrumanes amphibies terrestres et aériens ont été produits après les poissons, lorsque les ondes sonores ont été multipliées. Plusieurs espèces de quadrumanes et de reptiles possèdent un organe propre à produire une voix forte; parmi ces espèces, on distingue les *grenouilles.* L'organe de la voix très-développé chez les oiseaux et leur appareil de translation prouvent qu'ils ont été formés après les quadrumanes, à une époque où les continents existaient déjà, mais où il ne tombait pas encore de pluie. Les oiseaux couvaient leurs œufs dans des continents déserts inaccessibles aux quadrumanes.

Etat de la surface de la terre à l'époque de la formation de l'homme. Tous les océans étaient recouverts de phytostromes épais; il n'y avait qu'un anneau aquatique équatorial de niveau soulevé formant une mer à fond de glace. Au fur et à mesure que l'eau de la couche superficielle se décomposait et se transformait en éléments d'air et en éléments de plantes, il se produisait une égale quantité d'eau par la fusion de la glace. Le volume décroissant de celle-ci permettait aux bords des deux hémisphères terrestres comprimés par le barogène l'un vers l'autre de se rapprocher de l'équateur.

Les deux bords parallèles de cette mer équatoriale d'eau douce arrosaient les plantes produites sur les phytostromes. De ceux-ci il n'y avait de déposé sur le continent que les parties qui aboutissaient aux deux versants des Andes; car il n'y a pas autour de l'équateur, dans l'Asie ou dans l'Afrique, des versants ayant une hauteur pareille. Après que le niveau eut baissé davantage, l'étendue des continents équatoriaux augmenta en Amérique et en Afrique, tandis que celle de l'Asie fut bornée à la largeur de la presqu'île Malacca.

Il apparut au bord des continents une nouvelle végétation différente de celle des phytostromes nommés *champs*, couverts de plantes, par opposition aux *continents* déserts avant l'apparition des pluies. La végétation des champs procura l'appareil de translation aux quadrumanes; la végétation postérieure des continents procura l'appareil de translation aux quadrupèdes. L'homme a été formé après les quadrumanes et avant les quadrupèdes; l'appareil dont il est doué pour recueillir sa nourriture peut fonctionner aussi bien sur les continents que dans les champs. Sur les continents, il faut marcher pour recueillir les plantes et les graines sur les plantes du sol; dans les champs, il faut gravir les arbrisseaux ou plier leurs branches avec les mains pour en recueillir les fruits.

L'homme a été formé à la côte d'un des trois continents aboutissant au bord du champ prochain. L'individu primitif, Adam, était un enfant neutre; avant son âge de puberté sa cervelle et ses parties génitales ont acquis leur développement, et tout cela au moyen d'un excédant d'électricité dont l'expansion a occasionné ce développement.

Pendant son sommeil, Adam expulsa du *sperme*, et Ève

en a été formée; elle possédait tous les détails d'Adam enfant, et ces détails ne différaient que par la forme des parties génitales, qui, au lieu d'être proéminentes en dehors du corps, furent chez la femme en direction inverse.

§22. **Reproduction et multiplication des hommes.** Quand Ève arriva à l'âge de puberté, Adam était arrivé à l'âge mûr; elle atteignit cet âge en restant auprès d'Adam, qui ne s'aperçut pas qu'il se fût opéré en elle aucun changement extérieur. Ève, au contraire, remarqua les changements de forme et de volume qui s'effectuaient souvent dans les parties sexuelles d'Adam, ainsi qu'on le voit chez les animaux vivants. C'est là l'origine de cette tentation qui occasionna le premier rapprochement et le commencement de la reproduction, ainsi qu'elle s'opère chez tous les animaux.

Pour que les descendants s'accrussent en commençant par un seul couple, il a fallu des centaines de siècles. Chaque individu allait chercher lui-même sa nourriture, qu'il trouvait en minime quantité sur les côtes, et en plus grandes quantités aux bords des champs des deux côtés de l'équateur. Pour trouver plus facilement sa nourriture, chaque individu s'éloignait des autres en suivant les bords des champs, dont personne ne pouvait s'éloigner au risque de manquer d'eau.

Tant que le niveau de l'anneau aquatique équatorial s'éleva au-dessus du sol d'Afrique et de la presqu'île Malacca, il n'y eut d'autre interruption de cet anneau que dans les versants des Andes. En partant du versant oriental et en suivant les deux bords parallèles des phytostromes des deux hémisphères, l'homme à l'état sauvage se multipliant, se répandit sur toute la circonférence, et, après une centaine de siècles, vint au versant occidental des Andes, où il trouva une barrière insurmontable. Ceux qui y arrivèrent les premiers avancèrent en suivant le bord jusqu'à ce qu'ils rencontrassent ceux qui suivaient l'autre bord des

sources ou de la mer équatoriale. Après qu'ils eurent occupé toute l'étendue des deux bords des phytostromes, les
seuls qui fussent arrosés et qui produisissent la même espèce de nourriture, chaque famille dut indispensablement
s'arrêter à l'endroit où elle se trouvait. C'est ainsi que se
termina l'état sauvage de l'homme errant pour chercher sa
nourriture qui ne se trouvait qu'aux bords des phytostromes des deux hémisphères. Les descendants d'un seul
couple primitif, Adam et Ève, en se multipliant par la reproduction et tout en errant pour chercher leur nourriture,
arrivèrent au nombre de plusieurs millions, qui se trouvèrent dispersés des deux côtés de l'équateur en deux lignes
parallèles.

**Origine de la vie sociale et des langages diffé-
rents.** Ne pouvant plus ni avancer ni reculer, chaque famille
se trouva forcée de rester en place. La nourriture végétale
fut d'abord suffisante ; mais avant qu'il se fût écoulé un ou
deux siècles, le nombre des familles se multiplia et cette
nourriture devint insuffisante pour elles. L'homme commença alors à se nourrir des poissons et des reptiles qu'il
trouva en abondance. Le nombre des habitants ayant encore augmenté, c'est en cet état qu'il devint possible de
créer un *langage* parmi les membres des familles qui vivaient ensemble. Les familles unies formèrent ainsi une
peuplade dont les membres furent liés entre eux par le langage ; ils furent *homoglottes.* En langue slave, les mots *nation* et *langage* (*iazik*) sont synonymes.

Les familles vivant ensemble ne pouvaient pas occuper
de grandes étendues ; ces étendues se bornaient à quelques
lieues. En prenant pour maximum de ces étendues un degré
ou 25 lieues, le nombre des langages primitifs ne pouvait
être inférieur à 720 ; ce nombre équivaut donc à celui des
peuplades primitives du genre humain. Au moyen du langage qu'il avait créé, l'homme cessa d'être sauvage ; d'animal qu'il était et *alogue*, il devint homme *logique.*

On trouve aussi des exemples de la vie sociale chez plusieurs espèces d'animaux qui ont l'organe de la voix ou qui sont provenus d'une même couvée. Il y a des oiseaux qui vivent plusieurs centaines ensemble et qui s'entendent au moyen des signes qu'ils font ou des cris qu'ils profèrent. On peut citer comme exemples les abeilles, les fourmis et les poissons qui sont d'une même couvée, et dont par suite tous les individus ne forment qu'une seule famille.

VI. ABAISSEMENT DU NIVEAU DE L'EAU ET COMMENCEMENT DES PLUIES.

§ 23. Les rayons solaires produisent les éléments de l'air par les éléments de l'eau. Pour que l'eau soit reproduite par les éléments de l'air, il faut que l'air chaud se trouve en contact avec une masse d'air froid. Ces masses d'air froid se trouvent dans les couches élevées de l'atmosphère, mais elles ne sont pas en contact avec la couche d'air chaud.

Il n'y a que l'air ombragé derrière les montagnes ou au-dessous des arbres des forêts qui conserve le jour la même température que la nuit pendant le calme de l'atmosphère. Les versants exposés au Soleil acquièrent en été une température très-élevée à midi, et l'air chaud ambiant se trouve en contact avec la masse d'air ombragé et froid. Telle est la cause physique du changement de temps, cause bien connue, sans cependant que l'on connaisse en même temps son affinité avec ce qu'on appelle *changement de temps*, lequel consiste, 1° dans l'abaissement préalable du baromètre ; 2° dans un courant d'air ascendant ; 3° dans l'apparition de nuages, d'éclairs et du tonnerre ; 4° dans une averse abondante, pendant laquelle le baromètre monte, le vent s'affaiblit, après quoi le calme se rétablit, mais la température ne revient pas à son état primitif ; la différence consiste en ce que l'air ombragé est remplacé par une masse d'air moins froid, et que l'air chaud se trouve remplacé

par une masse d'air habituellement moins chaud. Par conséquent, il arrive très-rarement qu'une première averse soit
immédiatement suivie d'une seconde.

L'eau de l'averse a été formée : 1° par l'oxygène qO$\overset{\smile}{\text{E}}$ de
l'air froid, et 2° par l'azote Az$^2\overline{\text{E}}^2$ de l'air chaud, car ces
éléments sont amenés en contact par les courants thermoélectriques provoqués par le contact de l'air chaud et de
l'air froid. (Les détails des changements atmosphériques se
trouvent exposés dans le texte de l'Atlas metéorologique
et dans le troisième volume de la *Physique.*)

Les pluies ont produit un double changement à la surface de la Terre : 1° Les torrents descendants ont déplacé
les terrains et ont produit les vallées en vertu de la loi
hydraulique, pour conduire l'eau à la surface des champs;
2° fréquemment arrosés, les continents ont produit des
plantes et les animaux quadrupèdes y ont été formés;
c'est après que ceux-ci se furent multipliés que les animaux
digitigrades carnassiers ont été formés.

C'est dans la zone torride qu'ont été formés les quadrupèdes qui vivent actuellement dans cette zone et dans toute
autre partie de la surface de la Terre; ni l'homme, ni aucune espèce des animaux actuels ne vivaient dans les zones
tempérées et glaciales. Cette distinction entre les habitants
de la zone torride et les habitants des autres zones avait sa
cause dans la pression atmosphérique qui, dans la zone
torride, était peu différente de la pression actuelle, tandis
que dans les latitudes supérieures la pression était des centaines de fois plus élevée.

Les organes de la respiration, correspondant à la pression croissante avec les latitudes, ne permettaient pas que
les espèces des animaux d'une latitude se transportassent
dans une autre, sur les zones tempérées et glaciales.

A. Changements mécaniques des terrains produits par les averses.

§ 24. Le squelette composé de terrains ignés avait une surface composée d'un assemblage de pyramides ; les sommets de quelques pyramides s'élevaient au-dessus de la surface des phytostromes et les sommets de quelques autres qui étaient au-dessous des phytostromes en ont été couverts après l'abaissement du niveau des mers qui les soutenait. Toute la surface des continents primitifs présentait les mêmes inégalités que la surface du squelette de la Terre ; la surface des continents actuels présente une régularité hydraulique qui met en relief les torrents d'eau qui ont ouvert les vallées dont les embranchements convergent vers la vallée principale qui conduit aux champs ayant pour fond les phytostromes.

Au-dessus des extrémités des bords de ces phytostromes est la surface du squelette formant les sommets des montagnes. En descendant et en s'éloignant de ces bords, on trouve le schiste à la surface du squelette et au-dessus du schiste les terrains aérolithiques. En avançant davantage, l'eau de la mer est au-dessus du schiste ; sur cette couche d'eau se trouve la couche inférieure du phytostrome composée de la houille ancienne, et au-dessus de cette houille est la couche composée de terrains aéorolithiques.

Dans le principe, les averses étaient abondantes et rares ; plus tard, elles devinrent moins abondantes et plus fréquentes, et tout cela parce qu'il se forma de profondes vallées au moyen des torrents descendants.

§ 25. **Détails de la formation des vallées d'après la loi hydraulique.** Les eaux ont été d'abord recueillies dans les profondeurs qui séparaient les versants des pyramides couverts par les phytostromes, de sorte que les continents se trouvèrent composés d'un grand nombre de lacs séparés par des isthmes de toute largeur et de toute forme.

Ces lacs remplis débordaient et l'eau s'écoulait de la partie inférieure par la surface de l'isthme pour pénétrer dans des lacs inférieurs. Chacun de ces lacs inférieurs pouvait recevoir l'eau d'un ou de plusieurs lacs supérieurs, tandis que ces lacs supérieurs ne recevaient que l'eau des récipients ambiants ; cette eau s'éloignait par la seule embouchure inférieure.

Les terrains des isthmes enlevés par l'eau, après avoir été brisés et frottés, étaient amenés dans le lac inférieur par une embouchure supérieure. Les grosses pièces restaient au fond du lac, tandis que les grains de sable en étaient extraits avec l'eau trouble qui se portait de l'un à l'autre lac déjà tous remplis d'eau, et arrivaient à la surface des champs ou des phytostromes pour y déposer les grains de terrains aérolithiques et en couvrir les restes des plantes qui produisirent la *houille ancienne*.

Chacun des lacs inférieurs avait une ou plusieurs embouchures supérieures et il n'avait qu'une seule embouchure inférieure. Dès qu'un lac était comblé, sa surface s'unissait à l'isthme supérieur *i* et avec l'isthme inférieur *i'*, et donnait naissance à un isthme composé **i** qui unissait par un canal les lacs supérieurs aux lacs inférieurs.

Dans les lacs comblés il se forma des *carrefours* de vallées. L'observateur qui reste dans la partie de la vallée qui correspond à l'embouchure inférieure du lac, voit autant d'embranchements qu'il y a eu d'embouchures supérieures des lacs qui y ont existé.

En descendant les vallées, on suit l'écoulement des eaux des pluies diluviennes et l'on est sûr qu'une partie de ces eaux se dirige vers les champs. En remontant les vallées, on rencontre des carrefours nombreux dont les uns conduisent au sommet de la montagne et les autres à un plateau. Toutes les vallées commencent avant d'atteindre le sommet composé de masses ignées, car leurs versants inférieurs ne sont jamais composés de terrains ignés.

Les grains de sable de l'eau trouble sont restés à la surface des phytostromes, tandis que l'eau a été décomposée par les rayons solaires pour se transformer en éléments d'air, lesquels sont allés remplacer ceux qui se sont combinés pour produire les pluies. En descendant, l'eau des pluies a amené les terrains des versants des vallées à la surface des champs, tandis que pendant que l'air s'éloignait, l'eau pure en était enlevée. Cette circulation des eaux a produit en même temps les vallées et les terrains stratifiés dont la structure et l'arrangement montrent que jadis il tombait des averses plus ou moins copieuses à des intervalles inégaux.

C'est dans les régions supérieures des versants que se trouvent les plus gros détritus et les cailloux arrondis, ou *potamolithes;* dans les régions inférieures, on rencontre les terrains stratifiés qui diffèrent des schistes et des masses cristallines. Cette différence consiste en ce que les eaux sont descendues en différentes masses qui ont chaque fois amené dans les champs des quantités différentes de sable; ce sable s'est déposé et est resté exposé au Soleil pendant des espaces de temps toujours inégaux; ensuite, au-dessus de cette couche, une nouvelle averse a amené du sable qui s'est déposé, et la couche ainsi produite a couvert la précédente.

Les minerais homoïdes de grandes puissances sont produits par les restes de plantes conservées au-dessous de la couche des terrains aérolithiques; ils sont déposés sur la couche des schistes : telles sont les masses de sel gemme, de quartz, de calcaires et de craie.

Les terrains stratifiés sont composés de minerais aérolitiques produits par les restes des plantes de la couche supérieure des phytostromes. Ces minerais, tourmentés par les eaux des pluies qui descendent vers les champs, ont été enlevés de leur place native et ont été déposés : 1° au fond des lacs supérieurs en forme de potamolithes, et 2° au fond des lacs inférieurs et dans les champs en forme de terrains stratifiés. La couche inférieure de ceux-ci se trouve en contact avec la houille ancienne, car elle ne forme que le reste des plantes $C^{24}H^{24}O^{24}$ séparés de leurs atomes d'eau $24\,HO$. Le fer métallique a été oxydé par les pluies.

§ 26. **Détails sur la transformation des houilles superficielles.** Après que la couche d'alluvion est enlevée, on voit apparaître le sommet des énormes amas des *houilles* ou *charbons de terre*, qui sont des troncs d'arbres carbonisés par la séparation de l'eau. Les couches intermédiaires des terrains contiennent des coquilles d'eau douce seule, ou des terrains avec des coquilles d'eau douce alternant avec les terrains contenant des coquilles d'eau de la mer.

Les arbres ont été produits dans les forêts des continents ; leurs troncs, arrachés aux versants des vallées par les torrents descendants, ont été amenés dans les lacs inférieurs des continents, et ils ont été arrêtés à la gauche et à la droite de l'embouchure inférieure des lacs. Après une forte averse qui avait amené une couche de troncs d'une épaisseur analogue à la violence de l'averse, il est arrivé parfois qu'il s'est écoulé un très-long temps avant qu'une pareille averse se renouvelât ; alors les eaux qui descendaient n'ont amené que des terrains contenant des coquilles d'eau douce. Pour que d'autres arbres se reproduisissent dans les forêts, il a fallu un grand nombre d'années.

A la surface des champs, les troncs des arbres arrachés aux versants sont arrivés des vallées inférieures. Ces troncs flottants ont été conduits sur les côtes exposées aux vents, et ils s'y sont déposés. A ces mêmes côtes arrivaient des champs les torrents descendant des continents qui y amenaient des coquilles d'eau douce, tandis que les vagues y conduisaient l'eau de la mer avec les coquilles.

Pour qu'il se produisît de telles masses de dépôts de troncs que nous trouvons dans les houilles, il a fallu que les arbres fussent arrachés plusieurs fois de leurs forêts. En supposant que les arbres vivent un siècle, il a fallu plusieurs dizaines de récoltes séculaires pour former les dépôts conservés en forme de houille superficielle, laquelle n'est nulle part en communication avec la houille ancienne; car il y a entre ces houilles les terrains stratifiés ou les terrains homoïdes de grande puissance.

La couche la plus profonde des houilles superficielles est formée des troncs produits par la première récolte séculaire des forêts. Ces troncs furent d'abord à une faible profondeur, mais d'autres étant superposés au-dessus d'eux, les troncs de la couche inférieure avancèrent vers le fond. Le premier enfoncement de la couche s'effectuait chaque fois que les troncs se déposaient postérieurement jusqu'à une hauteur que les vagues violentes pouvaient atteindre.

La distribution des houilles des continents correspond exactement aux torrents d'eau qui ont enlevé les troncs aux versants des vallées et qui les ont conduits dans les lacs. La distribution des houilles maritimes correspond aux directions des vents qui ont chassé à la surface de l'eau les troncs qui y avaient été amenés par les torrents. Le fond de ces mers a été la surface des champs inondés.

B. Production des plantes par les pluies et des animaux par les plantes.

§ 27. La première pluie qui tomba remplit d'eau tous les intervalles qui séparaient les bases des pyramides composant les continents. Il en résulta autant de lacs, qui furent comblés, puis transformés en versants de vallées, sans qu'il restât aucune trace de la forme primitive des continents. Ce n'est que dans les lacs élevés que les transformations se sont opérées sur une plus petite échelle, et les fossiles des invertébrés de l'eau douce ensevelis dans le calcaire formé par les restes des plantes exposées au Soleil y sont restés à leur place.

Ces nouvelles espèces d'invertébrés ont été produites dans les lacs de versants élevés, à une époque où les champs étaient peuplés d'animaux vertébrés et d'insectes qui remplissaient l'air ambiant des ondes sonores. Cependant ces ondes sonores produites dans les régions équatoriales n'arrivaient pas aux latitudes inférieures. Il a donc commencé à se produire de nouveau des invertébrés aquatiques, puis des insectes sonores, des poissons, des amphibies, des oiseaux et enfin des quadrupèdes et des digitigrades, sans qu'il pût se produire des *bipèdes* et des *bimans* (1).

Le calcaire du Jura est le monument zoogonique qui indique l'origine zoologique locale et propre à chaque pays qui n'a été le lit d'aucun courant d'eau, ainsi que cela a lieu pour les lacs actuels des montagnes. Les poissons y ont été formés plus tard, et même les amphibies, dont les organes respiratoires correspondaient à ceux des animaux quadrupèdes de la période diluvienne.

La végétation continentale n'a pu se soutenir que dans les lacs et dans les temps où les pluies étaient abondantes, mais rares. Les restes des plantes différentes des lacs, exposés au Soleil, ont produit différents minerais, lesquels ont été ensuite enlevés par les eaux pour être conduits dans les champs en même temps que les fragments détachés des isthmes. C'est ainsi que les espèces de minerais composant les terrains stratifiés et le grès rouge inférieur se sont multipliées. Les vallées étaient déjà formées quand les pluies sont devenues moins abondantes et plus fréquentes ; c'est alors que les plantes ont pu se produire sur les versants.

---

(1) Il y a des fossiles ayant des mâchoires semblables à celles de l'homme, mais dont la dimension est double. Les naturalistes concluent de ce fait qu'il a existé des *géants*, mais ils se gardent bien d'y trouver la moindre identité avec le genre humain. On trouve quelques fragments du squelette humain dans les terrains alluviens ; mais ces terrains n'existaient pas à l'époque des animaux diluviens.

Les animaux ont été formés ensuite des restes des plantes. Toutes les espèces d'animaux actuels ont été produites sur les parties intertropicales des continents, et toutes les espèces d'animaux diluviens qui ont péri, ont été formées en dehors de ces parties intertropicales des continents.

VII. CHANGEMENT DE L'ÉTAT DE CIVILISATION DE L'HOMME PAR RAPPORT A LA FORME GÉOGRAPHIQUE DES TROIS CONTINENTS.

§ 28. Avant que le langage fût inventé, il n'y avait nulle différence entre les individus composant le genre humain; tous formaient un vaste troupeau d'animaux sauvages. C'est au moyen du langage qu'inventèrent plusieurs familles assemblées que ces familles s'unirent et formèrent une peuplade isolée des familles limitrophes qui parlaient un langage différent, et qui, par conséquent, formaient une autre peuplade. En admettant que chaque peuplade occupât une étendue de 1 degré, cela aurait donné naissance à 730 langages différents.

Si l'on isolait un certain nombre d'enfants en s'abstenant de leur parler, tout en leur donnant les soins nécessaires, en grandissant ces enfants ne différeraient pas des animaux; mais leurs descendants commenceraient à manifester quelques épiphonèmes; ils imiteraient la voix des animaux pour faire comprendre aux autres qu'ils doivent se souvenir de l'animal absent. Enfin, après quelques générations, ils adopteraient un langage différent de tous les autres. Tous leurs descendants parleraient la même langue, laquelle deviendrait d'autant plus riche que le nombre des individus *homoglottes* serait plus grand. Bien plus, ces individus vivant ensemble après s'être multipliés, avanceraient plus rapidement dans la voie de la civilisation. C'est ainsi qu'il y aurait sur la Terre une nouvelle nation ayant la même origine que les nations actuelles.

Les masses d'eau qui sont tombées sur les champs et celles qui y furent amenées par les torrents descendant des continents ont inondé les champs ; les habitants de ces champs ont péri, et il n'y a survécu que ceux qui vivaient sur les arbres. De ce grand nombre de peuplades humaines, il n'est resté que celles qui se trouvaient placées sur les côtes des trois continents et des îles et celles qui s'y étaient réfugiées en s'éloignant des phytostromes. Depuis ces inondations, les phytostromes sont devenus inhabitables pour l'homme. Chaque continent est resté occupé par un nombre de peuplapes correspondant à l'étendue de sa longitude géographique équatoriale, étendue qui différait peu de l'étendue actuelle.

La très-faible largeur de la presqu'île Malacca a été occupée par un petit nombre de peuplades, en y comprenant même quelques-unes qui s'y sont réfugiées pour se préserver de l'inondation des champs. Quant à l'Afrique et à l'Amérique, elles ont reçu dans leur sein un très-grand nombre de peuplades. Les formes géographiques des parties équatoriales des continents et des îles ont donc déterminé le nombre des langages et des peuplades qui ont continué jusqu'à présent à vivre séparées dans chaque continent ou dans les îles de la zone torride.

A. Origine de la vie nomade.

§ 29. Après que les pluies eurent paru, les continents produisirent des plantes en rapport avec les climats et les latitudes ; il se forma alors des animaux possédant des organes de respiration correspondant à la pression atmosphérique croissant avec les latitudes. Les animaux actuels vivaient dans la zone torride. Dans les parties équatoriales, le nombre des habitants s'accrut considérablement, et le manque de nourriture se faisant de plus en plus sentir, l'homme fut forcé d'user de la chair des quadrupèdes au lieu de continuer à se nourrir de plantes, de poissons et de reptiles.

C'est plus tard qu'on s'occupa sérieusement des animaux domestiques, dont le lait et la chair fournissaient une double alimentation. C'est donc pour trouver un pâturage pour les troupeaux que leurs gardiens ont abandonné les côtes et se sont avancés vers l'intérieur des continents, où ils ont trouvé l'eau des pluies, des plantes et des arbres qui portaient des fruits remplaçant la nourriture précédente. Chaque peuplade, en s'éloignant de la partie équatoriale du continent, suivit le méridien du pays qu'elle occupait dans la partie équatoriale, car chacune formait une colonne parallèle, de sorte qu'aucune ne pouvait dévier à l'est ou à l'ouest, sauf dans les cas exceptionnels dus à la forme géographique d'un continent, laquelle a produit un effet semblable dans l'exode des peuplades de chaque continent.

1 Exode des peuplades de la partie équatoriale d'Amérique.

§ 30. Avant qu'il fût tombé des pluies, les habitants occupaient les côtes des phytostromes et celles des Andes orientale et occidentale; quand il eut commencé à pleuvoir et que le nombre des habitants se fut augmenté sur les côtes des versants, l'exode de toutes les peuplades commença. Les peuplades du côté du sommet des Andes jouirent d'un avantage tout particulier, car ils y trouvèrent une immense étendue de terrain qu'ils occupèrent et qui leur fournit les moyens d'assurer pour l'avenir la nourriture de leurs descendants, qui se multiplièrent avec l'avantage d'être homoglottes.

Le Pérou servit d'habitation à la peuplade de la côte méridionale; la peuplade qui était de l'autre côté boréal traversa l'Amérique centrale et se répandit sur le plateau du Mexique. Il a fallu des centaines de siècles pour que cette grande étendue de terrain fût occupée par les habitants homoglottes comme ceux du Pérou.

Le plus grand nombre des peuplades les plus éloignées des Andes ne pouvant dévier ni à droite ni à gauche n'ont pu se multiplier qu'autant que l'a permis l'étendue du pays occupé par chacune d'elles.

2° *Exode des peuplades d'Afrique.*

§ 31. La partie équatoriale de ce continent est plate ; ce n'est qu'aux deux extrémités qu'on trouve quelques montagnes. Du côté boréal, le continent s'élargit beaucoup, de sorte que la peuplade occidentale a pu se multiplier beaucoup et arriver à un état de civilisation analogue au moyen de son langage, qui était la base sur laquelle devait se fonder une très-nombreuse nation.

Du côté oriental, c'est au moyen du détroit de Bab-el-Mandeb que l'extrémité de l'Afrique s'unit avec l'Arabie. Il n'y eut donc qu'un petit nombre de peuplades de l'extrémité orientale d'Afrique qui avança en suivant les côtes. Le phytostrome unissait le détroit, et il facilita le passage aux peuplades, lesquelles occupèrent toute la moitié méridionale de l'Arabie. Les descendants homoglottes de ces peuplades progressèrent en civilisation en raison de l'étendue du pays qu'ils occupaient.

Du côté central équatorial de l'Afrique, le grand nombre des peuplades qui avançaient vers le tropique ne pouvant dévier ni à l'est ni à l'ouest, chaque peuplade occupa une colonne étroite de terre dans laquelle leurs descendants durent trouver leur subsistance. Le nombre de ceux-ci devait nécessairement être en rapport avec l'étendue du pays qui fournissait le pâturage des troupeaux.

3° *Exode des peuplades de la presqu'île Malacca.*

§ 32. Le peu de largeur de Malacca ne permit pas à un

grand nombre de peuplades de s'y fixer. C'était la mer
équatoriale qui séparait la presqu'île des îles ambiantes.
L'exode des peuplades nomades s'est opéré en suivant des
directions parallèles jusqu'à la fin de la presqu'île, où le
continent commence à s'élargir. La peuplade du milieu suivit
sa direction principale; des peuplades des deux colonnes
extrêmes, l'une dévia vers l'ouest et l'autre vers l'est.

Avant d'atteindre le tropique, la peuplade occidentale
dévia vers l'ouest et se répandit dans la très-grande étendue
de l'Hindoustan, pays d'une fertilité supérieure à celle des
autres continents et occupé par une peuplade homoglotte.
Ses descendants ont pu se multiplier beaucoup, car là
nourriture ne leur a pas manqué.

De même la population occidentale dévia vers Siam et
occupa ce pays étendu et fertile. Les descendants homoglottes, en se multipliant, acquirent un degré de civilisation correspondant à l'étendue du pays et à sa fertilité.

Une ou plusieurs des peuplades du milieu se sont trouvées dans un état analogue à celui des peuplades qui occupent les parties du milieu de l'Amérique et celles du milieu
de l'Afrique. Faute d'étendue, les descendants de chaque
peuplade ne purent se multiplier; c'est pourquoi ces nombreuses peuplades firent peu de progrès en civilisation :
chacune d'elles fut composée d'un petit nombre d'individus
homoglottes.

B. ORIGINE DE LA VIE AGRICOLE.

§ 33. Il s'était écoulé une centaine de siècles depuis le
commencement des pluies quand s'établit la vie nomade
qui rendit l'exode possible jusqu'à ce que les habitants
augmentassent au point que l'alimentation végétale fût devenue insuffisante. On commença d'abord par conserver
une partie du superflu des pâturages pour l'époque où l'on
en manquerait; ensuite on en usa de même pour la conservation de la nourriture de l'homme.

Quand plus tard le manque de nourriture se fit de nouveau sentir, l'homme fit tout d'un coup un pas immense en civilisation : il inventa le moyen de multiplier artificiellement les récoltes pour se nourrir. C'est ainsi que de la vie nomade l'homme civilisé passa à la vie agricole dans laquelle il s'est maintenu jusqu'à présent.

C. Six foyers de civilisation de la période diluvienne.

§ 34. J'ai fait voir l'origine du grand nombre de langages et la liaison entre la civilisation des peuplades de chaque pays et la forme géographique du continent. Connaissant d'une part les six foyers de civilisation indiqués vers la fin de la période diluvienne; d'autre part, sachant qu'après le Déluge le deuxième exode s'est opéré aussi au moyen de la vie nomade comme le premier, on peut facilement établir historiquement l'existence de six foyers de civilisation avant le Déluge, foyers qui se sont propagés au delà du tropique boréal après le Déluge.

I. En Amérique, les monuments du Pérou et du Mexique attestent les grands progrès de la civilisation. A défaut d'une histoire écrite des habitants de ces pays, il suffit de savoir que la civilisation s'est conservée chez eux sans y être venue d'un autre pays; qu'après le Déluge elle ne s'est pas propagée aux latitudes supérieures, car ces pays se trouvent occupés par des peuplades nombreuses composées d'un petit nombre d'individus. Ce sont donc ces peuplades nombreuses qui ont empêché la civilisation de se propager en Amérique au delà des tropiques.

II. Après le Déluge, les deux peuples civilisés d'Afrique n'éprouvèrent aucun obstacle pour se répandre au delà du tropique. Ceux qui occupaient l'Arabie méridionale avancèrent vers le nord et se répandirent en très-grande partie en Égypte (*Myssiris*); une autre partie se répandit autour des côtes du golfe Persique en *Assyrie*.

III. Les deux peuples civilisés en Asie occupaient Siam et l'Hindoustan; après le Déluge, les Chinois à l'état nomade avancèrent au delà du tropique, séparés des Japonais qui parlaient un autre langage et qui occupèrent les îles.

L'exode du superflu des habitants de l'Hindoustan est mieux connu et plus compliqué; leur langage primitif, composé d'un petit nombre de mots, s'étant transformée en plusieurs langues perfectionnées, tous ceux qui parlaient ces diverses langues formèrent autant de nations séparées. Les habitants de l'Europe formèrent trois colonnes en se séparant de leur pays natal.

1° La colonne *héléno-slave*, comme la plus occidentale, se mit en contact avec les Syres.

2° La colonne orientale fut composée des *Germains*.

3° La colonne *latine* centrale fut composée de quatre peuplades homoglottes : les Daces marchaient les premiers, ensuite venaient les Italiens et les Espagnols; les Français arrivaient les derniers.

VIII. ORIGINE DES RACES HUMAINES.

§ 35. La distinction du genre humain en races n'est basée sur aucune différence anatomique ou physiologique primitive. La reproduction s'opère entre les mâles et les femelles de toutes les races; d'où il suit que les différences qui les distinguent ne sont dues qu'aux effets climatologiques des pays occupés par différentes peuplades. Ces différences ne pouvaient pas exister avant l'apparition des pluies.

I. Les descendants d'Adam à l'état sauvage ne différaient en rien entre eux; tous vivaient aux bords des phytostromes arrosés par les sources équatoriales sans qu'il y eût la moindre différence dans le climat ou la végétation qui servait à les nourrir.

II. A cette vie sauvage a succédé la vie sociale à une époque où la vie errante et sauvage est devenue impossible à cause de l'accroissement considérable des descendants d'Adam qui occupèrent toute la partie de la Terre habitable à cette époque. Cette vie sociale fut cause que les familles se créèrent des langages propres, en conséquence desquels les descendants d'Adam se subdivisèrent en autant de peuplades qu'il y avait d'idiomes différents.

III. Les pluies diluviennes amenèrent les eaux qui inondèrent les champs et y firent périr presque tous les habitants; ceux en très-petit nombre qui survécurent se sauvèrent sur les parties équatoriales des continents. A cause des vents provenant des pluies, chaque continent acquit un climat propre et une végétation correspondante. La production des quadrupèdes s'opéra au moyen des restes des plantes accumulées pour former des espèces de gros œufs engendrés par les rayons solaires et par les ondes des six espèces de fluides impondérables.

Ainsi le mode de vivre des habitants changea à cause de la nourriture différente de chacun des continents et des îles. Nulle part le climat n'offre d'aussi grandes différences que celui du milieu de l'Afrique au nord de l'équateur, qui est occupé par un grand nombre de peuplades séparées entre elles par des langages différents (1).

Les ancêtres des Chinois, des Japonais, des Mongols ont vécu dans des pays dont le climat et la végétations diffèrent. Leurs descendants ont acquis une physionomie en rapport avec les pays qu'ils ont habités depuis l'apparition des pluies jusqu'au Déluge.

Les habitants de l'Europe descendent des ancêtres qui ont vécu une centaine de siècles dans l'Hindoustan. Ce pays est peuplé actuellement par les descendants des mêmes an-

____

(1) On trouve dans la cervelle des nègres un développement supérieur; mais il ne faut pas supposer pour cela que cette race a une origine différente, car ce développement est postérieur et correspond à celui de leurs parties génitales.

cêtres que les Européens; c'est pourquoi il n'y a pas de distinction bien prononcée dans les races.

Il y a aussi chez les animaux de très-grandes différences dans les races. Les naturalistes en ont fait des espèces; cependant on distingue les espèces pareilles d'où résultent des métis, et les espèces réelles dont l'union des mâles de l'une avec les femelles de l'autre ne donne lieu à aucune reproduction. L'âne et le cheval sont race de la même espèce.

IX. ÉTAT DE LA TERRE CHANGÉ PAR LES PLUIES ET PAR LE DÉLUGE.

§ 36. Les minerais aérolithiques nous font voir qu'il existait de grandes masses de fer métallique à la surface des phytostromes, tandis qu'actuellement il ne se produit plus de fer. C'est la *silice* qui présente cet excédant dans l'alluvion par rapport aux autres minerais, tels que le *fer métallique* dans les aérolithes par rapport aux autres espèces de minerais. La cause de cette différence est qu'il n'y avait pas de pluies lors de la production des masses de fer et qu'il y en avait lors de la production de la silice.

En l'absence de pluies, la silice formée par les substances végétales restait en place exposée aux ardeurs du Soleil; après l'apparition des pluies, la silice formée fut éloignée, et il s'établit à sa place une autre couche de silice formée d'une nouvelle couche de plantes. Le fer métallique est donc résulté de la silice exposée au Soleil au fur et à mesure que cette silice se formait alors des substances végétales comme elle s'en forme actuellement. Les rayons solaires ne faisaient que séparer un atome d'oxygène des deux atomes de silice; ce qui est resté n'est ni plus ni moins qu'un atome double de fer :

$$C^{24}H^{24}O^{24} - C^8O^3 = C^{16}H^{24}O^{24} = 4C^4H^6O^4 = 4Si^2O^4 = \text{silice.}$$
$$4Si^2O^4 - 4O = 4Si^2O^5 = 4C^4H^6O^3 = 4Fe^2 = \text{fer métallique.}$$

Le poids spécifique de la substance végétale étant 1, celui

de la silice est 2,5 et celui du fer $3 \times 2,5 = 7,5$. Ainsi, on a trouvé que l'eau ayant le poids 1 et le volume $8v$ produit une substance végétale de poids et de volume égaux. Ce poids reste conservé dans la silice et dans le fer; mais le volume diminue pour descendre à $3v$ pour la silice et à v pour le fer, lequel compose le noyau de la Terre, où il a été amené avec les phytostromes submergés.

Les pluies de la période diluvienne ont converti le fer métallique en fer oxydulé Fe^3O^4, et c'est à cette époque que la formation ultérieure du fer métallique a été interceptée. La couche produite par le fer oxydulé et la silice teinte est le *grès rouge ancien*; il est au-dessus de la houille ancienne.

Le *nouveau grès rouge* n'existait pas dans les zones tempérées et dans les zones glaciales avant le Déluge, car il y a été amené avec les courants cataclystiques au-dessus des houilles continentales, au-dessus des laves ; les fossiles des animaux diluviens sont ensevelis dans ce grès. Ce grès contient également le fer oxydulé d'où résulte sa couleur.

Terrains compris entre les deux couches de grès rouge. Le grès rouge ancien a été amené de la surface des parties supérieures des continents sur les phytostromes par les eaux des premières averses. Pendant les centaines de siècles que durèrent les pluies, toute la masse végétale produite se transforma en silice qui composa la masse minérale de l'alluvion, et cette masse se mêla avec le fer des terrains aérolithiques qui couvrait les continents amorphes.

L'accumulation des troncs d'arbres commença quelques dizaines de siècles après les pluies ; elle dura jusqu'au Déluge. Le niveau des phytostromes baissa, parce que de la quantité $Q + Q'$ d'eau, 1° la partie Q se décomposa tous les jours pour se transformer en éléments d'air qui s'accumulèrent dans les régions polaires, et 2° la partie Q' se décomposa pour remplacer la masse végétale M' qui se transforma en silice et non en fer, et elle fut amenée par les torrents sur les couches des terrains précédents. En portant seulement à un mètre l'épaisseur des couches de terrains produites par siècle, on trouverait que cette épaisseur se monte à plusieurs centaines de mètres si les terrains produits sont restés sur les versants des vallées.

Les eaux qui ont enlevé les terrains des versants supérieurs les ont déposés dans des lacs de toutes les hauteurs, puis les eaux des pluies postérieures qui ont enlevé ces terrains ont ouvert des lits de niveau inférieur. Les couches de terrains ont pris des directions et des inclinaisons en rapport avec les directions qui unissent dans les carrefours l'embouchure inférieure avec chacun des embranchements supérieurs. Les inclinaisons de ces couches dépendent de la forme des versants qui forment la paroi des lacs ; cette paroi existait avant que les terrains fussent déposés. Les géopyramides ont été soulevées avant cette déposition. Il y a un rapport réel entre les directions des pentes des pyramides et des couches de terrains, mais rien ne prouve que des couches de terrains inclinés à l'horizon ont été soulevées par les géopyramides.

Lorsqu'on supposait que la quantité d'eau et celle des corps solides était invariable dans la Terre, pour relier entre eux les faits observés, les géologues se permirent d'émettre des hypothèses qui ne servaient qu'à expliquer chaque fait à part. Maintenant les hypothèses se réduisent à une seule, à savoir qu'il y a eu un arrangement spontané de faits géologiques. Quant aux chimistes, ils doivent avouer qu'ils ont renoncé à la prétention de considérer comme simples les 70 corps indécomposables. Jusqu'à présent ils avaient soutenu cette hypothèse, car ils ignoraient que de pareils corps ne sont pas produits par une combinaison de leurs éléments, mais que leurs éléments actuels e avec d'autres éléments e' formaient un corps décomposable ee'. L'élément éloigné e' fait que l'autre élément e est

III.

un *reste* et non plus un combiné. Les chimistes ont dit que les 70 corps ne sont pas des *combinés*, et personne ne leur a contesté cette vérité; de même ils ne contesteront pas à l'avenir que les restes soient indécomposables parce qu'ils ne sont pas des combinés.

A. FAITS PRODUITS D'APRÈS LA LOI DE LA MÉCANIQUE PAR LA SÉPARATION DES DEUX MASSES D'AIR.

§ 37. L'accumulation de l'air dans les régions polaires est imperceptible dans les cinq planètes supérieures, parce qu'elle dure des millions d'années; la séparation de l'air accumulé s'opère dans chaque planète à des intervalles de millions d'années; aussi n'est-il pas possible de donner une preuve directe de cette action. Mais connaissant les faits et la loi d'après laquelle ils ont été produits, on détermine mathématiquement l'espèce d'action qui a produit ces faits; il n'y a que l'époque de l'action qui reste à déterminer au moyen d'une autre série de faits. Ainsi, par exemple, l'épaisseur de la couche d'alluvion produite depuis le Déluge au-dessus du nouveau grès rouge sert à faire connaître l'époque de ce Déluge.

La *force* inconnue qui a produit le Déluge n'est qu'une rupture d'équilibre qui est apparue subitement : 1° l'*action* qui en est résultée a été l'écoulement des eaux avec une grande impétuosité, mais pendant peu de temps; 2° les espèces de plantes et d'animaux diluviens qui ont vécu dans les zones tempérées et dans les zones glaciales séparément des animaux actuels sont la preuve que dans les latitudes supérieures la température était élevée et qu'une telle température provenait d'une couche d'air d'une plus grande épaisseur que l'épaisseur actuelle; 3° cette épaisseur de l'atmosphère ne régnait pas dans la zone torride, où vivaient l'homme et les animaux actuels.

Une telle accumulation de colonnes d'air dans les deux

prolongements de l'axe terrestre a été causée par l'absence
de pluies, et cette absence ne provenait que de ce qu'il n'y
avait pas de contact entre l'air chaud et l'air froid, ce qui
était dû à ce que le niveau de la mer était à une hauteur
peu inférieure à celle à laquelle commence le basalte des
sommets des montagnes. Il y avait donc alors une faible
hauteur de montagne et une faible masse d'air ombragé,
et cet air conservait le jour la même température que la
nuit.

Pour qu'une grande masse d'air froid se mît en contact
avec l'air chaud, il a fallu que le niveau de la mer baissât
et qu'ainsi la hauteur des montagnes augmentât. Cet abaissement du niveau s'est opéré quand l'eau s'est éloignée de
la mer, et de cette eau, une partie, 1° s'est transformée en
plantes et en substances de minerais aérolithiques, et 2° une
autre partie s'est changée en air qui, ne pouvant s'éloigner
de l'axe de la Terre, a été repoussée par les masses nouvelles qui ont suivi les précédentes dans les directions des
deux prolongements de cet axe terrestre.

Les masses d'air ainsi accumulées ont exercé une pression sur les deux hémisphères ; elles ont fait baisser le niveau dans les grandes latitudes et l'ont fait élever dans les
régions équatoriales pour y former un anneau aquatique
d'une énorme épaisseur. L'eau de la surface de cet anneau
a arrosé les plantes ambiantes et s'est décomposée pour produire l'air.

La masse d'eau ainsi éloignée a été remplacée par une
autre qui provenait de la fusion de la glace qui avait diminué et ne se trouvait qu'entre les deux hémisphères. Il
y avait donc des sources équatoriales abondantes d'eau
douce. Tout le reste de la surface de la mer était couvert
de couches épaisses composées de restes de plantes. Ces
couches, nommées *phytostromes*, unissaient les continents
dont les côtes arrosées et couvertes de plantes étaient seules
habitées.

Après l'apparition des pluies, les phytostromes furent inondés, et ceux de leurs habitants qui ne purent se réfugier sur les côtes des continents arrosées par la mer périrent. Ces côtes furent ainsi séparées des champs par les eaux qui formèrent des mers ayant pour fond la surface de ces champs ou ces phytostromes. Le fond de ces mers s'éleva de plusieurs centaines de mètres à cause des sables charriés des torrents descendant des continents, de même qu'il s'élève actuellement à toutes les embouchures des fleuves.

Séparation des masses d'air et ses effets. Les éléments d'air comprimés exercent entre eux une répulsion qui croît en proportion de la compression. Cette compression des deux masses d'air a été produite par leur propre pesanteur, laquelle a diminué quand la hauteur des colonnes a augmenté, tandis qu'au contraire l'augmentation de la répulsion expansive a été en rapport direct avec cette hauteur. Ainsi la séparation simultanée des deux masses d'air était inévitable, et l'effet de ces masses n'a été immédiat qu'à la cessation de la poussée sur les deux hémisphères. C'est de cette manière qu'ont été produits des effets correspondants d'après la loi de la Mécanique.

I. Il y a eu une éruption volcanique dans les latitudes supérieures quand la pression a disparu.

II. Les eaux de l'anneau aquatique se sont divisées en deux moitiés pour s'écouler vers les pôles en formant sur chaque océan deux courants cataclystiques divergents.

III. Il y a eu une éruption volcanique dans la zone torride après la disparition de la pression exercée par la couche épaisse d'eau composant l'anneau aquatique.

Les torrents cataclystiques ont produit trois effets de nature différente :

1° Ils ont enlevé les terrains les moins solides des côtes des continents qui en ont été atteintes.

2° Ils ont couvert de grès rouge : 1° les cadavres gelés ;

2° les laves expulsées par les nombreux volcans, et 3° les houilles des plantes continentales.

1° Traces du Déluge conservées dans les côtes des continents.

§ 38. I. Les torrents cataclystiques de l'océan Pacifique étaient les plus étendus ; ils surpassaient de beaucoup la somme des torrents des deux autres océans. Les terrains enlevés ont laissé sur les côtes des traces indiquant, d'après la loi hydraulique, la direction des eaux venant de l'équateur et déviant du récipient du Pacifique à l'est et à l'ouest.

1° Dans l'hémisphère sud, le torrent avait pour rive gauche les côtes occidentales de l'Amérique, et pour rive droite les côtes orientales de l'Australie. Arrivé à l'extrémité de ce continent, le torrent en enleva une partie des terrains moins solidifiés, et il y ouvrit un détroit. Le même effet a été produit sur les côtes de la Nouvelle-Zélande. Arrivé à l'extrémité de l'Afrique, le torrent, déjà très-élargi, s'unissant au torrent de l'océan Indien, enleva les terrains de la partie orientale, sans cependant y ouvrir un détroit.

En déviant à l'est, le torrent a enlevé les terrains les moins solides et ouvert plusieurs détroits dont les directions ne permettent pas de méconnaître, d'après la loi hydraulique, que c'était le même torrent qui avait dévié en deux directions divergentes pour venir des deux côtés au milieu du récipient atlantique. Les côtes de l'île de Madagascar présentent également des golfes ouverts vers l'équateur et au nord-ouest.

2° Dans l'hémisphère nord, le torrent du Pacifique eut l'Amérique pour rive droite et l'Asie pour rive gauche, et cette rive s'étendait jusqu'au pôle. Les terrains enlevés ont laissé aux côtes des détroits, des golfes et des ports qui indiquent la direction des torrents qui ont dévié vers l'est pour passer dans le récipient atlantique en côtoyant l'extrémité nord des Andes.

II. Les deux torrents cataclystiques de l'océan Atlantique ont été produits par la masse d'eau soulevée dans sa partie équatoriale qui est trois ou quatre fois moindre que celle de l'océan Pacifique. Le torrent sud s'est élargi sans rencontrer de résistance, tandis que le torrent nord a enlevé les terrains des côtes de la partie boréale du golfe du Mexique, a séparé la Terre-Neuve et un grand nombre d'îles du continent, et ouvert des golfes dont la bouche était dirigée vers l'équateur. Du côté de l'Afrique et de l'Europe, le torrent a enlevé les terrains et ouvert un grand nombre de détroits dont les plus remarquables sont celui de Saint-Georges et celui de la Manche. Avant le Déluge, les îles Britanniques et la partie occidentale de l'Europe étaient un continent couvert du phytostrome, soutenant toute la masse de terrains produits sur place, comme la craie, ou amenés par les eaux, comme le sont les terrains stratifiés. La partie superficielle la moins solide de ces terrains a été enlevée, et c'est ainsi que se sont produits les détroits composés de la masse d'eau qui a occupé l'espace vide de terrains.

Le phytostrome couvrant l'Atlantique ayant été déchiré au milieu, s'est abaissé : 1° sa moitié orientale s'est déposée sur le versant occidental des géopyramides qui ont leur sommet sur les Alpes et les Pyrénées; le contour de la base de ces géopyramides se trouve à la plus grande profondeur de l'Atlantique, et 2° la moitié occidentale s'est déposée sur le versant oriental des géopyramides qui ont leur sommet dans les Andes. Le contour de la base de ces géopyramides se rencontre avec celui des géopyramides de l'Europe; c'est ainsi que s'est produit le fond actuel de l'Atlantique composé : 1° au milieu des versants, des géopyramides des Alpes et des Andes; 2° autour de ce milieu, d'une très-grande profondeur, se trouvent les bords du phytostrome déchiré au milieu et restant attaché à l'Afrique, à l'Europe, au Groënland et au versant oriental de l'Amérique.

III. Le torrent méridional de l'océan Indien a enlevé les terrains les moins solides aux côtes boréales de l'Australie et de l'île de Madagascar, et il y a produit des golfes nombreux ouverts vers l'équateur. Les côtes d'Afrique déviant vers l'ouest n'ont pas été atteintes par ce torrent.

Le torrent boréal de l'océan Indien s'est divisé en deux branches :

1° La branche orientale est passée par le golfe Persique dans le récipient caspien sans déchirer son phytostrome du côté méridional ; ce n'est qu'à l'est du Caucase que le phytostrome a été déchiré, de sorte que le fond de la mer Caspienne est composé au milieu des versants de géopyramides qui ont leur sommet sur les montagnes ambiantes.

2° La branche occidentale est passée par l'isthme de Suez dans le récipient de la Méditerranée ; ce courant a enlevé les terrains les moins solides de la surface du phytostrome du côté de l'Asie Mineure et de l'Europe ; il y a ouvert un grand nombre d'isthmes, de golfes et de ports dans la direction du courant, lequel a laissé intactes les côtes d'Afrique. Le phytostrome qui couvrait le récipient de la Méditerranée a été déchiré parallèlement aux côtes d'Afrique, de sorte que le fond de cette mer est composé : 1° des versants des géopyramides des Pyrénées ; 2° des Alpes, du Balcan et du phytostrome qui couvre les versants de ces montagnes en commençant du niveau du basalte de leur sommet et s'étendant sur les continents d'Europe, d'Asie et d'Afrique, d'où il suit qu'il en résulte une espèce d'entonnoir ayant une embouchure allongée pour laisser communiquer l'eau de la mer au bas-fond et l'eau de la mer profonde.

2° Traces du Déluge conservées dans le nouveau grès rouge.

§ 39. L'éloignement subit des deux masses d'air a occasionné en même temps la mort subite des animaux et les éruptions volcaniques dont les laves se sont trouvées aussi bien à la surface de la Terre que les cadavres des animaux tombés asphyxiés avant l'arrivée des torrents qui ont amené le grès rouge composé d'argile mêlée d'oxyde de fer comme est le vieux grès rouge.

Au moyen du niveau de ce grès rouge et du niveau des fossiles qui y sont enveloppés, on a pu déterminer le niveau des torrents qui sont passés par les parties inférieures des continents et ont laissé intactes les régions supérieures.

Jusqu'au moment du Déluge, les torrents de l'eau des pluies ont conduit les arbres arrachés aux versants des vallées pour les laisser s'accumuler au-dessus des embouchures des lacs ou être chassés par les vents sur la mer et de là être conduits aux côtes des continents. Ces amas de troncs ont été aussi couverts par le nouveau grès rouge, mais seulement en tant qu'ils se sont trouvés sur la partie des amas qui n'était pas recouverte par les terrains.

B. Faits produits d'après la loi physique par la séparation des deux masses d'air.

§ 40. Tous les animaux vivant au delà des deux tropiques sont tombés asphyxiés chacun à la place qu'il occupait en ce moment. Leurs cadavres se seraient putréfiés si la température, qui était au-dessus de zéro, fût restée au même degré. Cet abaissement de température fut cause que les torrents cataclystiques se couvrirent de gros glaçons, lesquels se choquèrent violemment contre les roches des montagnes et en détachèrent des blocs qui se sont éloignés de leur place natale.

1° Faits d'un abaissement de température conservés dans les fossiles.

§ 41. Si les cadavres eussent été ensevelis sans avoir été agités par les eaux, leurs ossements ne se seraient pas brisés; s'ils n'eussent pas été fortement gelés, leurs os brisés présenteraient la trace des frottements et ne seraient pas appointés. On voit ainsi que la température a baissé après l'éloignement de la masse d'air ; les cadavres des animaux ont été gelés quand ils ont été agités dans l'eau des torrents cataclystiques. Leur peau et leur chair ont été frottés, et les os brisés se sont trouvés abrités ; c'est ainsi que leurs pointes ont été conservées.

Cette agitation des cadavres dans les eaux a causé la séparation, 1° des quadrupèdes qui sont restés au fond et qui y ont été ensevelis et conservés, et 2° des cadavres des oiseaux qui se sont élevés à la surface des eaux, où ils sont restés sans être ensevelis. Exposés au Soleil, ces cadavres se sont ensuite décomposés, et c'est ainsi qu'il y a absence complète de fossiles des oiseaux de toute espèce.

Aux hauteurs que n'ont pu atteindre les torrents, les cadavres des quadrupèdes et ceux des oiseaux sont restés exposés au Soleil et se sont consumés. Les œufs conservés dans le sable dans l'île de Madagascar ont été pondus par des oiseaux diluviens qui vivaient dans la région du Tropique sous une pression d'air considérable. Les oiseaux qui ont pondu ces œufs étaient dix fois plus gros que l'autruche ; si leur existence a cessé après le Déluge, ce n'est pas l'abaissement de la température qui en fut cause, mais bien la diminution de la pression de l'atmosphère.

2° Abaissement de température conservé dans les blocs erratiques.

§ 42. La température de l'eau des torrents cataclystiques était celle de la zone torride, qui différait peu de la température actuelle ; en dehors de la zone torride, la chaleur du sol s'échappait rapidement vers le froid de l'espace. L'eau des torrents se maintint à l'état liquide jusqu'à la Méditerranée ; là elle se couvrit de gros glaçons au bout des quelques jours suivants, et c'est dans cet état que le torrent arriva dans la Baltique, où il fut arrêté par le versant de la chaîne scandinavienne. Les glaçons amoncelés produisirent des débâcles dont les débris s'élevèrent à une grande hauteur dans toute la longueur du versant qui descend dans la Baltique. Les roches détachées de ce versant restèrent déposées sur la montagne de glace, laquelle formait en quelque sorte un prolongement du versant sud de la chaîne de montagne.

Eloignement des glaçons et des roches. Quand la température se fut élevée, la glace commença à se fondre en été. Ce fut d'abord son extrémité méridionale la plus mince qui disparut et qui céda sa place à la partie suivante de glace ; c'est ainsi que l'autre extrémité de la masse glaciale se détacha du versant sud des montagnes scandinaviennes en portant les roches à la surface sans que leur position changeât. La fusion de la glace fit donc avancer vers le sud toute la masse qui restait, de sorte que son extrémité méridionale resta en place et que ce fut l'extrémité boréale qui s'avança vers le sud avec les roches.

L'extrémité boréale a mis des siècles pour s'éloigner du versant ; il ne lui en a pas fallu moins pour se trouver au sud de la Baltique. Les roches sont restées en place et dans le même ordre où elles se trouvaient précédemment dans ce versant des montagnes, dont chacune a été arrachée. La fusion de la couche inférieure de la glace en a fait diminuer l'épaisseur, à tel point que la roche s'est trouvée en contact avec le sol ; c'est donc en ce point que chaque roche est restée posée. La longitude de chaque roche a été conservée, et il n'y a eu que leurs latitudes ou les distances du lieu où elles ont pris naissance qui sont devenues inégales à cause du poids de chaque roche et à cause de l'épaisseur de la glace qui la soutenait.

Dans le cas où l'épaisseur de la glace au-dessous de la roche était plus grande, la roche s'arrêtait à une distance plus grande ; la même chose arrivait quand la roche était moins volumineuse. Les espèces de roches de l'extrémité orientale du versant sud descendant dans la Baltique jusqu'à son extrémité occidentale se trouvent déposées en Laponie, en Russie, en Allemagne, jusqu'à l'Angleterre, dans un ordre tel que chaque roche se trouve entre des roches de même nature, comme cela a lieu dans le versant susdit le pays natal des roches homonymes par rapport aux roches que l'on trouve à l'est et à l'ouest de l'étendue du versant.

Cette coïncidence entre la disposition des espèces de terrains dans le versant sud de la montagne et dans les blocs erratiques depuis la Laponie jusqu'à l'Angleterre a fait voir à tous les géologues : 1° que si des roches se sont détachées de celles qui sont restées en place, et 2° que si leur surface primitive a conservé sa forme pointue sans éprouver aucun frottement, c'est à cause des glaçons, comme je l'ai démontré ici. On trouve ces blocs erratiques sur le versant du Jura de la vallée de la Suisse.

Les roches dont l'origine remonte au versant des Alpes se trouvent perchées sur le versant du Jura ; c'est précisément un éloignement en sens opposé à celui qui a eu lieu pour les roches séparées du versant sud de la chaîne scandinavienne. Cependant la différence disparaît quand on se rappelle que le versant du Jura étant mieux exposé au Soleil que le versant des Alpes, la glace en se fondant avançait vers le Jura et s'éloignait du versant des Alpes.

En même temps la fusion de la glace s'opérait plus rapidement du côté de l'ouest que du côté de l'est. Ainsi les glaces avançaient en même temps de l'est à l'ouest, de sorte que les roches d'origine alpine ne se trouvent pas au même niveau sur le versant du Jura, mais elles s'approchent du fond de la vallée en avançant vers l'ouest.

Les géologues ne connaissant ni la cause des glaces ni leur origine, et voyant qu'il n'y a pas de blocs erratiques aux latitudes inférieures à 45°, ont cru que les torrents amenant les glaçons venaient du côté polaire; toutefois ils savaient que les régions polaires avaient une température élevée, et que ces régions étaient peuplées de troupeaux d'animaux des climats chauds, comme cela résulte également des espèces de plantes qui y étaient produites.

L'absence de blocs erratiques dans les latitudes inférieures fait voir ici que l'eau des torrents cataclystiques était à l'état liquide et avait une température au-dessus de zéro; cependant la chaleur s'éloigna rapidement de l'eau, qui a été couverte de glaçons quand les torrents ont avancé plus loin. Ainsi les blocs erratiques servent en quelque sorte de thermomètre pour indiquer la température de l'eau des torrents dans les différentes latitudes.

C. Forêts déracinées pendant la séparation de la masse d'air.

§ 43. En Europe, les houilles sont composées de restes de plantes dont on ne trouve de semblables que dans la zone torride, d'où l'on voit qu'autrefois le climat de l'Europe était comparable au climat actuel des régions inter-tropicales. Les tiges des espèces d'arbres composant les houilles se trouvent dans les mines de Treuil, d'Anzin, et dans celles d'Angleterre et d'Écosse, dans le lieu même où les arbres ont végété. En raison de la conservation des parties végétales les plus délicates et de la manière dont les feuilles sont étendues sur les schistes, on a pu conclure que tous ces débris ne peuvent avoir été charriés de loin. Or toutes les plantes dont nous retrouvons les restes dans cet état appartiennent à des équisétacées, à des fougères, à des lycopodiacées, etc., qu'on ne peut comparer qu'à celles qui végètent actuellement entre les tropiques.

La position verticale des tiges déracinées indique qu'une poussée violente centrifuge a été exercée sur les arbres en plein feuillage. La même poussée a soulevé les schistes et autres terrains qui n'ont pas été éloignés, mais sont restés à côté des tiges conservées, pour montrer par leur niveau la limite de la végétation diluvienne, car au-dessus de ce niveau on voit nettement les restes des plantes dicotylédones de notre végétation actuelle.

La couche d'alluvion au-dessus du niveau des tiges déracinées ne diffère pas de celle qui est au-dessus des fossiles des animaux diluviens. Ces deux séries de faits correspondants servent à indiquer la liaison, 1° entre la poussée centrifuge, 2° entre la cessation de l'existence des animaux diluviens, et 3° entre l'abaissement subit de température dans les latitudes supérieures.

D. Concordance entre l'ensemble des faits produits et la séparation de la masse d'air des régions polaires.

§ 44. Les détails que je viens d'exposer seraient plus que suffisants pour mettre en évidence la cause commune qui les a produits, si les lecteurs n'étaient pas habitués à trouver des explications partielles des faits basés sur quelque hypothèse logique. Le mode d'enseignement actuel ne demande aux élèves que de la mémoire pour pouvoir se rappeler tout ce qu'ils ont lu ; quant au mien, il est basé sur la connaissance de la loi physique, d'après laquelle les faits observés ont été produits.

La température élevée n'a pas été produite en dehors de la zone torride par une chaleur terrestre. S'il existait une chaleur terrestre universelle et égale simultanément avec la chaleur solaire, cette chaleur occasionnerait dans les divers climats des inégalités semblables à celles qui existent à des degrés inférieurs entre les climats des zones glaciales, des zones tempérées et de la zone torride. Tout nous prouve : 1° que la température de la zone torride différait peu de la température actuelle, et 2° que celle de la zone glaciale n'était pas inférieure à la température actuelle de la zone tempérée.

La différence des températures des zones, due aux densités des rayons solaires, a toujours été très-marquée; pour obtenir dans les latitudes supérieures une élévation de température au moyen d'une faible quantité de chaleur solaire, il suffirait de diminuer l'éloignement de cette chaleur; cet effet a été produit par la résistance d'une couche d'air dont l'épaisseur a augmenté depuis la zone torride pour atteindre un maximum aux pôles.

De l'ensemble des faits exposés, 1° les uns ont été produits d'après la loi physique par l'abaissement subit de la température; 2° les autres d'après la loi hydraulique des torrents cataclystiques; 3° d'autres enfin d'après la loi aérodynamique de la séparation de la masse d'air. Il était impossible aux géologues d'exposer ainsi la succession des états de la Terre, puisqu'ils supposaient que les 70 corps étant indécomposables devaient être autant d'éléments simples, alors qu'on ignorait que cette propriété se manifeste dans les cas où quelques éléments se séparent des atomes composés. Il serait donc absurde de vouloir décomposer le corps qui est un *reste* et non un combiné.

Dès qu'il fut bien établi que le Soleil, les planètes et la Terre n'ont que les deux éléments de l'eau comme éléments primitifs, on trouva facilement : 1° d'abord une production de l'air par l'eau et par la chaleur lumineuse dans la zone torride; 2° la multiplication de l'air dans les régions polaires; 3° la diminution de l'éloignement de la chaleur empêché par la masse d'air; 4° enfin l'élévation de la température en raison directe de l'épaisseur de la couche d'air de chaque latitude.

§ 45. Preuves incontestables de trois différents états de la température en Europe. I. Les tiges et les autres résidus provenant des plantes composant les houilles ou conservés au-dessus du niveau des houilles démontrent d'une manière évidente qu'il y a eu un temps pendant lequel la température de l'Europe différait peu de celle de la zone torride actuelle. Pour démontrer que cette élévation de température ne provenait pas du sol, j'ai engagé plusieurs géologues à observer la végétation des plantes mises en pot et placées sur des supports plus chauds que l'air. Cette expérience ayant été faite, dès le premier jour on remarqua que les plantes se fanaient, et en moins d'une semaine toutes furent détruites. La végétation intertropicale s'est maintenue en Europe par une température élevée, à cause de la diminution de l'éloignement de la chaleur, car elle a éprouvé une résistance dans l'épaisseur très-grande de la couche d'air.

II. Les dates historiques bien précises ont démontré qu'il y a vingt siècles que la température de l'Égypte, de l'Asie Mineure, de la Grèce et des autres parties de l'Europe était inférieure à la température actuelle. Ceux qui supposaient que la chaleur terrestre se consumait continuellement ont changé d'opinion en voyant des faits réels qui prouvent le contraire.

X. ORIGINE DE LA CHALEUR TERRESTRE.

§ 46. L'existence d'une température élevée à certaines profondeurs de la Terre se manifeste par la température de l'eau des puits artésiens, par celle des eaux minérales et par celle des volcans. Par rapport à la profondeur égale des deux puits à Paris, la température de l'eau du puits de Grenelle est de 31° et celle de l'eau du puits de Passy de 20°. Tous les autres puits fournissent de l'eau dont la température diffère suivant leur localité. L'eau des puits artésiens ne diffère en rien de l'eau des sources, d'où il résulte que la chaleur qui en élève la température lui arrive des terrains ambiants, car elle n'est pas produite dans l'eau même.

L'eau des pluies et des sources n'a pas son origine dans

les pluies et les neiges seulement, comme beaucoup de personnes le croient, mais quand elle est en grande quantité, elle résulte de masses de vapeur qui sont formées par l'air et qui se déposent à la surface des montagnes et à celle de leurs souterrains. 1° La température de l'air est la même que celle de l'eau des pluies, 2° celle de l'eau qui se dépose sur les versants des montagnes et qui y pénètre pour apparaître dans l'eau des sources est égale à la température moyenne locale. Il y a des sources qui débordent quand les nuages se trouvent aux sommets des montagnes ou quand ils y sont amenés par les vents.

En Sibérie et dans les pays où la température moyenne est au-dessous de zéro, l'eau des sources monte à plusieurs degrés au-dessus de zéro. On ne peut attribuer cette chaleur à celle des terrains ambiants comme celle des puits artésiens, parce qu'à des centaines de mètres de profondeur la température du sol est au-dessous de zéro; la surface du sol et la couche de terre qui se trouve au-dessous de la surface sont constamment gelées. Cette basse température du sol fait produire aux champs des récoltes abondantes dans l'espace de deux à trois mois. On verra ci-dessous que les sources abondantes de la Sibérie sont alimentées par la vapeur produite dans les souterrains dont, en été comme en hiver, l'air est à une température égale à celle de l'eau de source. Ainsi il y a contact d'air froid avec l'air chaud à cause du changement de température de l'air le jour et la nuit ou l'été et l'hiver.

A. Origine de la chaleur des sources minérales.

§ 47. Les eaux minérales arrivent pures des versants des montagnes dans des réservoirs ayant pour fond la couche de houille ancienne composée des restes des plantes de la période diluvienne. Le niveau de la source est au niveau du récipient et le niveau du conduit de l'eau froide lui est supérieur. Quand l'eau du versant sort d'une source sans pénétrer par le réservoir à fond de houille, cette source fournit de l'eau douce. Pour devenir minérale, il faut que cette eau vienne en contact avec la houille composée de carbone.

Dans les eaux minérales, il y a des gaz et plusieurs espèces de minerais; leur température la plus élevée est celle de l'ébullition de l'eau, et elle baisse jusqu'à la température moyenne locale. Le carbone de la houille et les deux éléments de l'eau produisent à la fois les gaz et la chaleur qui se trouvait dans l'eau à l'état latent. Cette chaleur répandue dans la couche ambiante de l'eau en élève la température et en fait diminuer le poids spécifique pour remonter et céder la place à une autre couche d'eau froide qui arrive.

Les deux gaz primitifs sont l'acide carbonique C^2O^4 et le gaz des marais C^2H^4 :

$$C^4 + H^4O^4 = C^2O^4 + C^2H^4.$$

Il n'y a d'autre différence entre la composition des sources minérales, 1° que celle de l'étendue de la surface de la houille du fond du réservoir, et 2° que celle de la profondeur du réservoir. Si l'étendue du contact de l'eau avec la houille est grande, il se produit une grande quantité de chaleur et de gaz; si la profondeur de la houille est grande, les gaz comprimés acquièrent l'état liquide, et la séparation de quelques éléments fait naître l'asphalte, le sel commun et tous les différents minerais amenés avec l'eau.

Les compressions des gaz correspondant aux profondeurs des réservoirs à fond de houille sont donc la cause physique de la différence qui existe entre les minerais des sources chaudes. Les terrains qui forment la paroi du réservoir ne sont pas partout de même espèce; ils y ont été amenés par les torrents de pluies diluviennes; c'est pourquoi ce sont des terrains aérolithiques ayant pour éléments primitifs ceux des restes des atomes $C^{24}H^{24}O^{24}$ de la substance végétale après la séparation des éléments différents, mais en quantités constantes.

Les sources chaudes ne peuvent se transformer en sources froides que quand l'eau cesse de se décomposer, et cela peut arriver de deux manières différentes : 1° par l'épuisement total de la houille du fond du réservoir, lorsque l'eau froide y reste conservée, ou 2° par l'écroulement du plafond du réservoir qui comble une partie de sa profondeur, d'où il résulte un lac qui gèle en hiver parce que la chaleur cesse de se produire.

Les sources minérales chaudes et les sources d'eau douce tarissent, non à cause du manque d'eau, mais à cause de l'exhaussement du lit servant à l'éloignement de l'eau. Ces obstacles se sont présentés et ont pu facilement être remarqués par des vieillards qui se sont souvenus qu'étant enfants ils avaient bu à des sources qui n'existent plus.

En pareil cas, la pression de la colonne d'eau fait disparaître la partie la plus faible des terrains, et c'est ainsi qu'elle s'ouvre un canal souterrain pour avancer. Ce canal n'est couvert que par une couche d'alluvion dont l'épaisseur croît toujours et fait disparaître de plus en plus les traces du lit des rivières dont les historiens et les poëtes anciens ont laissé des descriptions.

B. ORIGINE DE LA CHALEUR DES VOLCANS ACTUELS.

§ 48. La houille ancienne chauffe les fournaises volcaniques, de même qu'elle chauffe le fond des chaudières immenses dans lesquelles se forment toutes les espèces d'eaux minérales ; la seule différence consiste dans les conduits qui amènent l'eau en contact avec la houille. Il est rare que l'eau des pluies soit conduite dans les fournaises des volcans : d'ordinaire le fond des fournaises des volcans est au-dessous du niveau de la mer visible ou de la mer invisible qui soutient le géostrome à une étendue composant toute la superficie du récipient caspien. Ce géostrome s'affaisse en forme d'entonnoir vers la grande profondeur de la mer Caspienne. C'est de cette manière que se sont affaissés vers le fond de l'Atlantique les bords des géostromes formant l'Europe occidentale, l'Amérique orientale et le Groenland.

Mode de chauffage des fournaises volcaniques. La température s'élève d'abord à la surface de la houille ancienne par le contact avec l'eau qui, en se décomposant, y laisse libre sa chaleur latente. Les courants thermoélectriques sont l'effet immédiat du contact de l'eau froide de la mer avec la surface chaude de la houille. L'électricité positive amène les minerais soutenus en suspension dans l'eau et les dépose sous forme cristalline autour de la surface chaude de la houille. Il en résulte un diaphragme entre la surface de la houille et l'eau de la mer ; l'épaisseur de ce diaphragme croît et fait diminuer l'éloignement de la chaleur de la surface de la houille. Il en résulte une élévation de température et il se produit une poussée croissante exercée par les gaz contre le diaphragme.

Le diaphragme se brise et les fragments repoussés par les gaz se soulèvent en directions divergentes pour donner ouverture à des cratères qui livrent passage, 1° aux gaz qui s'échappent de la fournaise, et 2° aux eaux qui y pénètrent. Les courants thermoélectriques devenus ainsi plus actifs amènent des minerais dans les cratères qui se bouchent dans toutes leur profondeur et donnent naissance à un diaphragme d'une épaisseur double du précédent, qui s'oppose plus fortement à l'éloignement de la chaleur produite dans la fournaise par l'eau décomposée. Comme dans le cas précédent, la rupture du diaphragme devient inévitable, les gaz s'échappent de la fournaise par les milliers de cratères ouverts et l'eau y pénètre.

Les ruptures du diaphragme se multipliant, son épaisseur

s'accroît, l'éloignement de la chaleur de la fournaise diminue, sa température s'élève; la houille venant à se consommer, son espace s'accroît et la quantité d'eau qui y reste renfermée en contact avec la houille augmente.

L'épaisseur du diaphragme peut atteindre des centaines de mètres; elle fait ainsi diminuer l'éloignement de la chaleur et beaucoup élever la température de la fournaise. Cette température arrive même au point de réduire la couche intérieure du diaphragme à l'état demi-liquide, et alors la couche solide extérieure se brise. La masse demi-liquide repoussée par les gaz renverse les fragments et ouvre des cratères par lesquels elle s'avance poussée par les gaz. Cette masse se solidifie dans l'eau froide et se brise pour donner ouverture à des cratères qui livrent passage aux gaz qui s'échappent de la fournaise et aux eaux qui y pénètrent.

L'épaisseur du diaphragme allant ainsi en croissant atteint un degré qui est déterminé par les hauteurs des noyaux des montagnes composés de terrains ignés. Il résulte de cette épaisseur du diaphragme : 1° que la couche intérieure, nommée *endostrome*, devient liquide quand la température de la fournaise s'élève à 600°; 2° que la couche du milieu du diaphragme, nommée *mésostrome*, devient demi-liquide; 3° que la couche extérieure, nommée *épistrome*, s'amollit.

Éruption volcanique ou soulèvement de terrains ignés. Ces deux résultats sont dus communément à la température élevée de la fournaise. S'il y a une différence, elle consiste dans la paroi de cette fournaise; car elle peut être composée du diaphragme seul, ou de ce diaphragme du côté de la mer et de terrains alluviaux du côté du continent.

I. Dans le premier cas, l'épistrome solide se brise, et la masse demi-liquide étant repoussée par la masse liquide, renverse les fragments de l'épistrome qui sont le *porphyre*. En se soulevant, la masse demi-liquide se refroidit, et en se solidifiant elle se brise et produit des fragments qui sont le *granite*. La masse liquide qui provient des cratères de parois de granite se refroidit en se soulevant, et en cet état elle se transforme en *basalte*. La position de ces colonnes de masses ignées dépend des cratères par lesquels les gaz se sont échappés. Souvent des filons de basalte sont entraînés par les gaz entre les couches des terrains ambiants dans lesquels ont été conservées les traces de la température élevée du basalte.

II. Dans le cas où la paroi de la fournaise est composée en partie de l'alluvion d'un continent ou d'une île ou tout à la fois d'un côté de l'alluvion d'un continent et de l'autre de l'alluvion d'une île, un cratère s'ouvre dans la couche de l'alluvion et des terrains sédimentaires. La couche inférieure de ces terrains est réduite à l'état liquide, la couche du milieu à l'état demi-liquide, et la couche extérieure est d'une faible solidité par rapport à l'épistrome du diaphragme composé de masse cristalline.

D'abord la couche extérieure des terrains se brise, les fragments superficiels sont renversés en directions divergentes. Sur ces fragments sont projetés ceux des terrains des couches inférieures, et il en résulte un amas de forme conique; ensuite les gaz et la vapeur soulèvent à une grande hauteur des fragments de roche. Le gaz des marais, modifié dans la fournaise en un carbure d'hydrogène, s'allume et brûle avec l'oxygène de l'air. Les terrains liquéfiés sont chassés par les gaz en dehors du cratère; ils s'écoulent par la partie inférieure de son bord sous la forme d'un *phlégéthon*. Les terrains réduits en vapeur s'échappent avec les gaz, et quand ils sont refroidis, ils se transforment en cendre, laquelle est portée au loin par les vents. C'est une telle cendre qui, expulsée du Vésuve, a couvert la ville de Pompéi; la lave liquide a inondé Herculanum.

Le seul volcan de l'Europe, le Vésuve, a la même fournaise que l'Etna; les cratères des deux volcans conduisent à cette fournaise. L'étendue de son espace s'accroît au moyen de la consommation de la houille; il y introduit donc une quantité croissante d'eau. Ainsi il est impossible, l'eau manquant, que la fournaise s'éteigne; il n'y a que la consommation de la houille qui peut amener ce résultat. C'est alors que les deux volcans s'éteindront et qu'ils deviendront semblables à plusieurs autres qui ont cessé d'être en activité.

L'élévation de la température dans la fournaise a pour cause : 1° la chaleur latente de l'eau, et 2° la diminution de son éloignement produite par l'accroissement de l'épaisseur du diaphragme du côté des cratères. La poussée répulsive contre la paroi de la fournaise étant exercée à un égal degré, elle parvient à en briser la partie la moins solide, et c'est ainsi qu'il en résulte une éruption par le cratère du Vésuve ou par celui de l'Etna.

Les éruptions partielles fréquemment répétées nous font voir qu'il y a dans la fournaise plusieurs compartiments d'où les gaz s'échappent séparément, de sorte que ces gaz s'échappent, d'une part, proportionnellement au nombre des éruptions partielles, et d'autre part en raison du nombre des compartiments.

L'augmentation de l'épaisseur des diaphragmes accroît leur résistance en empêchant en même temps l'éloignement de la chaleur. La poussée expansive des gaz des compartiments parvient quelquefois à déplacer les couches des terrains qui composent la partie solide du continent ou de l'île. C'est à de tels déplacements de terrains que sont dus les *tremblements de Terre*. Les détails qui en sont le résultat se coordonnent spontanément et montrent : 1° que la poussée expansive produit plusieurs déplacements de terrains; 2° que les réservoirs d'eau des sources taries produisent des torrents violents; 3° que dans les espaces vides, de grandes étendues de terrains s'affaissent; 4° que leur détachement des terrains qui restent en place donne ouverture à des crevasses de grande largeur; 5° que les gaz parviennent à s'échapper par ces fissures et qu'ils ouvrent aussi des conduits qui font écouler l'eau des sources dans la fournaise et tarir les sources pour toujours ou pour quelque temps, tandis que l'eau des réservoirs souterrains est épuisée et que les torrents ont eu une courte durée et ont disparu ensuite.

J'énumérerai plus bas, à titre d'exemples, les faits qui sont le résultat des tremblements de terre. Jusqu'à présent, pour faire connaître la structure de la couche solide de la Terre, les géologues ont rapporté ces faits, et ils en ont déduit l'état actuel en admettant l'existence des tremblements de terre sur une plus grande échelle, d'où sont résultés des bouleversements, et ils n'ont pas coordonné leur travail d'une manière régulière. Ici c'est le contraire qui est démontré par les faits produits par les tremblements de terre. Dans les puits artésiens, d'après la loi de l'Hydraulique, il est prouvé que la structure des couches de terrains est régulière, de sorte qu'on ne peut méconnaître l'existence d'une cause correspondante qui a produit cette structure.

XI. LES VESTIGES DES SLAVES CONSERVÉS DANS LES NOMS GÉOGRAPHIQUES.

§ 49. Dans le principe, les Slaves écrivaient de droite à gauche, à la manière des Indous, des Hébreux, des Arabes et des Perses; ensuite les mots ainsi écrits se lurent de gauche à droite. Plus tard, on a écrit et lu des noms de gauche à droite. Parmi mes lecteurs, les Slaves et le petit nombre de ceux des autres nations qui connaissent cette langue sont les seuls qui pourront se convaincre des trois changements qu'ont subis la lecture et l'écriture. Ceux qui ignorent cette langue ne pourront acquérir cette conviction, quand même ils connaîtraient le sanscrit; bien plus, ils seront tout à fait hors d'état d'apprécier toute l'importance du contenu de ce paragraphe.

Me basant sur l'existence des deux colonnes d'air qui s'élevaient dans les deux prolongements de l'axe terrestre, j'ai montré les effets que produiraient de telles masses d'air. En suivant la loi physique, j'ai trouvé l'ordre chronologique, 1° de la production des invertébrés quand la Terre était privée d'ondes sonores, et 2° de la production des vertébrés avec l'organe de l'ouïe, alors que les insectes existaient déjà et que par leurs bourdonnements ils remplissaient l'air d'ondes sonores.

J'ai été conduit à établir les quatre états successifs dans lesquels s'est trouvé l'homme avant le Déluge et le rapport qui existe entre la forme des continents et les peuplades. C'est ce rapport qui m'a conduit à chercher dans les noms géographiques les vestiges des nations qui ont vécu dans ces pays, qui ne furent habités qu'après l'apparition des pluies, car avant cette apparition l'homme vivait sur les bords des deux géostromes (1).

A l'état nomade et à côté les unes des autres, les peuplades de la presqu'île Malacca se sont répandues depuis l'apparition des pluies. Ce n'est qu'en sortant de la presqu'île que les peuplades purent se séparer et s'éloigner. Les unes ont dévié vers l'est, les autres vers l'ouest, et celles du milieu ont dû avancer en suivant leur direction primitive.

A. Noms géographiques de la zone torride en langue slave.

§ 50. C'est en sortant de la presqu'île Malacca que la peuplade qui déviait à l'est prit une direction à l'*envers* par

---

(1) Il est dit dans la Genèse (chap. II, §§ 5 et 6) : « Et toutes les plantes des « *champs* (géostromes) avant qu'il y en eût eu dans la *terre* (continents), et « toutes les herbes des champs avant qu'elles eussent poussé. Car l'Éternel Dieu « ne faisait point pleuvoir sur la terre et il n'y avait point d'homme pour cultiver « la terre. Et aucune vapeur ne montait de la terre qui arrosât à la surface de la « terre. L'homme était au jardin arrosé par quatre fleuves. »

rapport à celle suivie par la peuplade dirigée vers l'*Hindoustan* (1).

Hindoustan (2) renversé *na ts oudnih* == vers merveilleux.

Japon renversé *n' opaj* == vers l'envers.

Birman (3) renversé *na mriv* == vers mouvants.

Kintschindjinga (4) renversé *agni j dnih cstnik* == du feu (aurore) et des jours domicile.

Beloutchistan (5) renversé *nat sih ctou lev* == sur eux comme lion.

Si l'on compare la signification des noms conservés avec les pays parcourus par les nomades de la peuplade slave, on peut former l'histoire de cette peuplade sortie de la presqu'île Malacca avec les autres peuplades.

1° La peuplade qui s'est dirigée vers l'est est devenue le *Japon*.

2° La peuplade qui se trouvait au milieu devait périr quand elle voulut passer le tropique.

3° Les prédécesseurs de ces peuplades, qui étaient chasseurs, ont annoncé que la peuplade qui se dirigeait vers l'ouest avançait dans des pays merveilleux.

4° La montagne de l'Himalaya se trouvait à l'est quand

---

(1) La préposition *na* avant une consonne et *n* avant une voyelle signifie *vers* (direction).

(2) Les deux lettres *ou* en forment une seule ɜ diphthongue.

(3) La lettre *b* est prononcée comme *v*. On voit au Musée du Louvre, à Paris plusieurs bas-reliefs tirés de Ninive ayant l'inscription :

KHORSABAD, renversé DABA S ROHK == donne avec corne, c'est-à-dire il donne au lion des coups.

La lettre *b* se prononce comme *v*. Dans le bas-relief, c'est un homme qui tient sous son bras gauche un petit lion et dans sa main droite une corne par son extrémité mince.

(4) C'est l'aurore qui est indiquée par le mot *feu*; *esta*, en thrace signifie maison, *cstnik* est l'épithète que l'on donne aux édifices servant de domiciles.

(5) Dans ce nom le vainqueur slave est comparé avec un lion.

Dans les bas-reliefs de Ninevi, le lion représentant des Slaves se voit vaincu et puni. *Ninevi* renversé *ievinin* == connu, renommé.

les nomades slaves en ont occupé le versant occidental. Le sommet de cette montagne prit un nom indiquant que c'était là qu'apparaissaient l'aurore et le Soleil.

5° Les mots *sur eux comme lion,* d'un pays au delà du tropique, indiquent qu'il y avait des obstacles de la part d'autres peuplades.

B. Noms slaves géographiques et ethnologiques en dehors de la zone torride.

§ 51. Après le Déluge, l'exode de la zone torride commença par les animaux sauvages et par les chasseurs qui les poursuivaient. A la partie supérieure des montagnes, la température baissa, et les habitants furent forcés de descendre avec leurs troupeaux dans les plaines, lesquelles étaient déjà occupées par des habitants agricoles. Il leur fallait donc aller chercher des pâturages pour leurs troupeaux dans des pays inhabités. Du versant occidental de l'Himalaya, la peuplade slave sortit de la zone torride et occupa *Beloutchistan* en suivant la côte, car on se nourrissait de poissons, comme on l'avait fait avant l'apparition des pluies et comme on le fait depuis Alexandre le Grand jusqu'à nos jours.

De leur côté, les peuplades de l'Arabie s'étendirent en même temps au delà du tropique, et c'est ainsi qu'au Beloutchistan il leur arriva de rencontrer les chasseurs slaves qui étaient les précurseurs des familles nomades. Ces chasseurs se sont donc rués sur les chasseurs étrangers comme des lions dans le pays qui a porté ce nom depuis cette époque jusqu'aujourd'hui.

I. La peuplade qui sortit de l'Arabie avait un teint *châtain,* indiqué en slave par le mot *rous,* qui, renversé, fait *sour = syr.* Le teint de la peuplade de l'Arabie lui fit donner le nom de *Syr;* elle se trouvait à l'ouest de la colonne de la peuplade slave. Se trouvant en Asie Mineure, les Slaves eurent les Syrs en Syrie, en *Misyrie* (Égypte) et en Assyrie (1).

La chaîne des montagnes qui séparaient les Syrs des Slaves a été nommée *Liban*, mot qui, renversé, fait *nabil* qui, prononcé *navil* = surpassant (2).

Les montagnes Olympe en Asie et en Thessalie se nomment en slave *Oloub*, ce qui signifie *pigeon;* ce mot renversé fait *boulo*, qui, en langue thrace, signifie *voile*. On indique par là le brouillard que l'on voit parcourir très-fréquemment ces montagnes. C'est derrière cette espèce de voile ou de rideau que les poëtes ont fait descendre les dieux du ciel et y monter sans être vus des mortels.

Caspien, Casp renversé *psac* = sable.

Europ renversé (les diphthongues restent sans être renversés) *poreu* = traversable.

Le mot *Parnasse* renversé *s san rap* = avec bleue couture, indique le sommet de la montagne qui unit les deux versants comme avec une *couture;* la couleur de cette couture lui vient du ciel. Dans l'Himalaya, le sommet est comparé à une maison où est le domicile de l'aurore et du Soleil.

II. Jusqu'ici les noms cités ont été écrits et lus de droite à gauche. Je vais indiquer des noms ethnologiques écrits de droite à gauche et lus de gauche à droite.

Rouss (Ryss) renversé *s syr* = avec Syriens en contact ou mêlés.

German renversé *na mrege* = vers carnage. On dési-

---

(1) Le mot *Suez*, qui renversé fait *zeus*, ne se trouve pas dans l'Écriture, il lui est postérieur.

(2) Les mots *Euphrate* et *Iordan* renversés ont également une signification qui leur correspond, 1° si l'on déplace la lettre *a* pour lire *Euphart*, et 2° si la lettre *d* est remplacée par la lettre *t* pour lire *Iortan*. *Euphart* renversé *trapeu* = ayant des enfoncements. *Iotran* renversé *na troi* = au trois.

Le mot *Dounav* renversé *van oud* = au dehors humide, tel est le nom slave du Danube.

Σταγύρ renversé ρουγατς = serf.

gnait ainsi la peuplade qui se nourrissait en grande partie des produits de la chasse, du carnage.

Latin renversé *n' ital*, est le nom de la peuplade qui s'est dirigée vers l'Italie.

Ispan renversé *na psi* ou *na spi*, vers dormir, indique le coucher du Soleil.

III. Les noms suivants sont écrits et lus de gauche à droite.

Bospore, qu'on doit prononcer **vospor** (du verbe *vos-piraio*), barrière ou détroit, empêchant le passage (πόρος) des Slaves qui dépassèrent les Syrs et atteignirent la côte de l'Asie Mineure. Je dis que la chaîne du Liban occasionna la séparation des Slaves d'avec les Syrs et les fit s'éloigner.

Byzant, qu'il faut prononcer *vouzad = v' ouzad =* du derrière, de l'autre côté du Bosphore, l'endroit de l'Europe que l'on voyait de l'Asie.

Dardan, *dar dan =* dore, donné; ainsi, on a appelé la partie la plus étroite du détroit par laquelle s'effectua le passage de l'Asie en Europe.

Σάμος, *sam =* isolé.

Κρήτη = cachée.

Ὅμηρος = ο μὴρ = au monde.

Γαρκ ou Γόρακ = montagnard.

Ἕλλην = serf (1).

---

(1) Dans la *Métaphysique*, je parle avec détails de l'origine commune des langues héléno-slaves (latine, dace, italienne, espagnole, française) et germanique.

Comme on le voit, je ne laisse échapper aucune occasion de mettre le lecteur à même de s'apercevoir des progrès incontestables qu'il fait dans la Panépistème en suivant la loi physique.

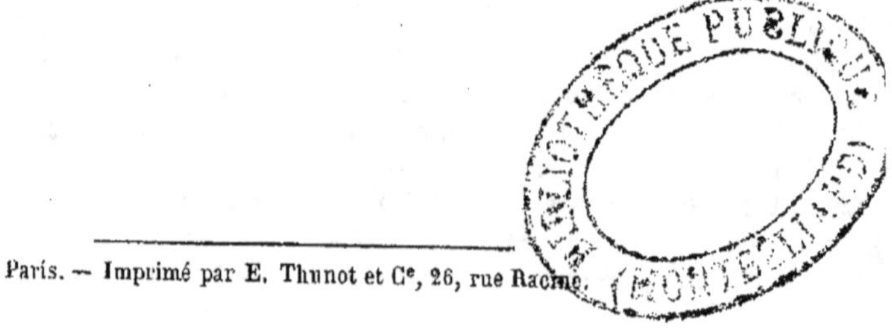

OUVRAGES DU MÊME AUTEUR.

Grand Atlas cosmobiographique présentant la Création et la Production des Corps célestes et de la Terre. 12 planches coloriées, avec texte; 1859. . . . . 26 fr.

Le Déluge et la Vie des plantes avant et après le Déluge; 1858. . . . . 6 fr.

Origine des Sciences physiques et des sciences métaphysiques. . . . . 6 fr.

Grand Atlas météorologique, représentant les faits météorologiques de l'atmosphère, les faits du magnétisme terrestre et les faits hydrostatiques des courants maritimes; 1860. — 12 planches coloriées avec texte. . . . . 26 fr.

Physique simplifiée par la découverte de l'origine du mouvement et de l'affinité. 4 gros volumes de 1000 pages chacun avec des figures dans le texte; 1864. . . . . 36 fr.

Le premier volume de la **Physique céleste**. . . . . 9 fr.

SOUS PRESSE.

Le 3ᵉ volume contenant dans l'ordre chronologique :

I. Les changements opérés dans l'intérieur de la Terre et à sa surface, d'où découlent tous les détails de son état actuel.

II. Le mode de production des animaux et de l'homme, le moyen par lequel ils se sont dispersés sur toute la zone torride unie avant le Déluge.

III. L'exode des habitants de la zone torride après le Déluge, après la disparition des animaux paléontologiques des autres zones.

Prix des trois volumes. . . . . 24 fr.